宇宙的胎动

在深空中寻找生命起源

冯磊 —————— 著

U0125559

人民邮电出版社

北 京

图书在版编目（CIP）数据

宇宙的胎动：在深空中寻找生命起源 / 冯磊著. --
北京：人民邮电出版社，2023.7
（图灵新知）
ISBN 978-7-115-61879-5

Ⅰ. ①宇… Ⅱ. ①冯… Ⅲ. ①天体生物学－普及读物
Ⅳ. ①Q693-49

中国国家版本馆CIP数据核字(2023)第101731号

内 容 提 要

　　生命究竟起源于何处？种种迹象与研究表明，生命的源头或许并不在地球上，而可能在宇宙之中。本书作者是星云中继假说的提出者。这是解释生命起源的一个较新的模型。作者在书中以追溯地球生命的起源为线索，通俗地介绍了宇宙与生命起源的关系，并依据最新的科学研究结论，介绍了化学起源说、宇宙胚种论、星云中继假说等生命起源假说，带领读者窥探科学家在搜寻地外生命方面所做的工作。本书逐步引导读者踏入天体生物学领域，在空间生命探索与研究的前沿视角下，重新审视生命起源这一古老而前沿的话题。

　　本书适合对科学和科幻感兴趣的读者阅读。

◆ 著　　　　　冯　磊
　　责任编辑　　魏勇俊
　　责任印制　　胡　南

◆ 人民邮电出版社出版发行　　北京市丰台区成寿寺路11号
　　邮编　100164　　电子邮件　315@ptpress.com.cn
　　网址　https://www.ptpress.com.cn
　　北京宝隆世纪印刷有限公司印刷

◆ 开本：880×1230　1/32
　　印张：6　　　　　　　　　　　2023年7月第1版
　　字数：117千字　　　　　　　2023年7月北京第1次印刷

定价：69.80元
读者服务热线：(010)84084456-6009　印装质量热线：(010)81055316
反盗版热线：(010)81055315
广告经营许可证：京东市监广登字 20170147 号

自序

我从小就对自然科学拥有浓厚的兴趣。中学时代，我的理想是做一名理论物理学家。不过 21 世纪初，生命科学的风头一时无两。本人也被裹挟入这股大潮中，在大学时代选择了生命科学。进入大学后，我发现自己只对生命起源这一个生物学问题感兴趣。生物系本身的课程体系中有一门课程叫作"物理化学"。在学习这门课程时，我发现还是物理学更吸引我。于是，我就利用业余时间自学了一些物理学课程。大三那年，在决定报考理论物理专业硕士研究生后，我就去旁听了物理系的课程。当然，这个过程比较煎熬。在未学习"量子力学（上）"的情况下，我就直接去听"量子力学（下）"的课程了。去听"电动力学"的课程时，我其实还没学会"普通电磁学"。至于"统计物理"和"分析力学"，我其实都是自学的。因此，我的物理基础一直不怎么好，幸好直觉还凑合，个人也挺努力，最后顺利通过了硕士研究生入学考试。

攻读博士学位时，我从事的是粒子宇宙学的研究，方向是暗物质和暗能量。正因为如此，我毕业后来到了紫金山天文台从事博士后研究，并留在紫金山天文台工作至今。在这段时间里，我几乎忘记了在生物系所学的一切，不过还是会偶尔想起生命起源这个问题。

我重新关注生物学和天体生物学，肇始于空军军医大学的报告。当时，组织方希望在暗物质和宇宙学之外加一部分和医学相关的内容。左思右想后，我决定添加对生命起源和天体生物学的一些思考。从那之后，我会不自觉地思考这些问题。在写作《管窥宇宙》（暂定名）这本科普书时，我就计划着把那段时间的所思所想添加进去。某天写作到凌晨一两点时，我忽然灵光一现，构思出了我对生命起源的猜想——星云中继假说。后来，我收到人民邮电出版社图灵公司编辑的邀请，写一本宇宙胚种论方面的科普书。于是，我就把原书稿中关于生命起源和天体生物学的章节单独拿出来扩充为本书。由此可见，科普工作非但不会浪费时间，还是一件让人受益匪浅且非常有意义的事，值得严肃、认真地对待。

天体生物学（astrobiology）是一门新兴的交叉学科。维基百科对它的定义是：一门研究生命在宇宙中的起源、早期演化、分布和未来发展的交叉学科。它的研究范围非常广泛，包括但不限于搜寻其他天体的生命迹象，研究并探讨探测地外生命的方法和手段，搜索宜居行星，以及星际移民等问题。天体生物学是综合性很强的前沿交叉学科，涉及天文学、物理学、化学、生物学和地质学等多个领域。国际上对天体生物学的研究如火如荼，有专门的学术期刊，《天体生物学》（*Astrobiology*）就是其中比较著名的一种。国内介绍这个领域的书还比较少，我希望这本小书能为天体生物学的传播发挥些许作用。

本书的出版受到中国科学院科学出版基金的资助，特此致谢。另外，感谢武晓宇编辑的约稿；感谢张存博士提出的宝贵意见；感谢崔宇星博士帮忙编辑图片；感谢祖磊、唐天鹏、苏冰玉、王冠森、王沛和唐雨辰对初稿的审读，你们的真诚帮助对于本书的完善至关重要。最后，感谢本书的第一批读者：我的岳父陈士祥先生、岳母李桂平女士、夫人陈媛媛博士和儿子冯谨。感谢你们对本书的文字和行文逻辑提出的宝贵意见。感谢女儿冯松童在写作过程中的温馨陪伴。

谨以此书献给我的父亲冯立忠和母亲王学花。

目录

第 1 章

生命是什么

　　地球上的生物多姿多彩、数量庞大、种类繁多，如图 1-1 所示。据美国夏威夷大学和加拿大戴尔豪斯大学的海洋生物普查科学家共同推测，地球上约有 870 万个物种，不过这只是概数，真正的物种数量难以准确统计。在这些物种中，大约有 650 万个生活在陆地上，220 万个生活在海洋中。

　　要研究如此庞杂的地球生命种群，首先要对物种进行分类。通常的分类方法是先把生物分成五界，分别是原核生物界、原生生物界、真菌界、植物界和动物界；然后把每界继续细分为门，门下分纲，纲下分目，目下分科，科下分属，属之后才是各物种。以人类为例，具体分类为：动物界—脊索动物门—脊椎动物亚门—哺乳纲—灵长目—人科—人属—人种。

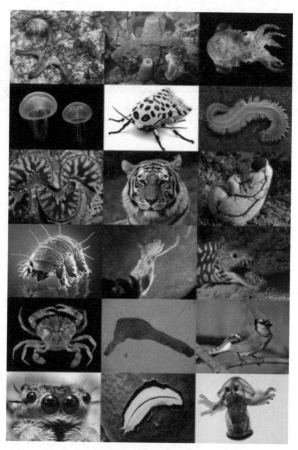

图 1-1　多姿多彩的生物世界（图片来源：维基百科）

　　病毒是诱发许多传染病的元凶，它能入侵宿主细胞并利用宿主细胞的物质和能量，完成自身 DNA 的复制。但病毒其实并不能算一种生命形式。因为没有代谢系统，所以它离开了宿主细胞并不能独立生存。

生命是什么？伟大的物理学家、量子力学的创立者之一埃尔温·薛定谔（Erwin Schrödinger）曾经写过一本小册子，名字就叫《生命是什么》。该作品启发了一大批物理学家转而研究生物学。本章尝试探讨这个问题。

1.1　生命的最小单位——细胞

细胞是由英国科学家罗伯特·胡克（Robert Hooke）于 1665 年发现的。胡克自制了一台显微镜，用它观察软木塞时看到一格一格的小方块。胡克把这些小方块命名为细胞（cell）。其实，胡克看到的只是细胞壁，还不是活体细胞。第一个看到活体细胞的人是荷兰生物学家安东尼·范·列文虎克（Antonie van Leeuwenhoek）。

细胞是生物体结构和功能的基本单位。细胞可分为两大类：原核细胞和真核细胞。细菌界和古菌界的生物由原核细胞构成。原生生物、真菌、植物和动物均由真核细胞构成。细胞的直径介于 1 微米～ 100 微米，所以肉眼是看不见的，需要借助显微镜等设备，如图 1-2 所示。

生物可分为单细胞生物和多细胞生物，其中单细胞生物仅由单个细胞构成，比如细菌等。我们日常肉眼所见的生物基本都是多细胞生物，每个生物都包含大量细胞。比如，人体包含数十万亿个细胞。

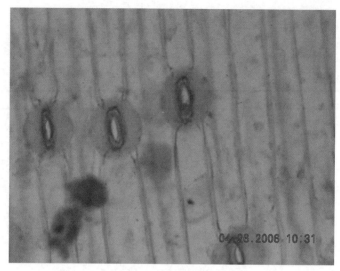

图 1-2　显微镜下的梭草表皮细胞，这是我本科时的作品

　　细胞是结构非常复杂的"机器"。真核生物的细胞主要由三部分组成：细胞膜、细胞质和细胞器。这些是所有真核生物细胞都具备的组成部分，植物细胞除此之外还有细胞壁。

　　❑ **细胞膜**：细胞与环境之间及细胞器与细胞质之间的分界，由磷脂双分子层组成。细胞膜的表面镶嵌有蛋白质和与之结合的糖与糖脂，有些有选择性的跨膜蛋白可以调节物质的进出，如钠钾通道等。

　　❑ **细胞质**：细胞质中的胞质溶胶旧称细胞质基质，是半透明的液态胶状物质。胞质溶胶是溶解在水中的物质的复杂混合物，由水、离子和大分子等组成。

❑ **细胞器**：细胞内的各种功能结构，主要有细胞核、核糖体、高尔基体、溶酶体、液泡、线粒体和叶绿体等。每种细胞器都有重要的功能，而且都是不可或缺的。细胞核携带遗传物质，包括脱氧核糖核酸（DNA）和核糖核酸（RNA），是操控整个细胞的"控制站"。线粒体的主要功能是促进细胞呼吸，产生细胞使用能量最直接的形式三磷酸腺苷（ATP）。叶绿体的主要功能是进行光合作用，把光能转换为生物体内的化学能。

图 1-3 展示了典型的动物细胞结构。

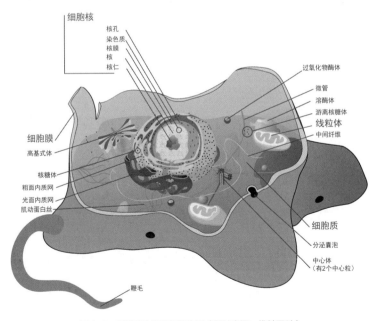

图 1-3 典型动物细胞的结构图（图片来源：维基百科）

1.2 生命的模块——有机分子

生命的特征是拥有复杂和高度有序的结构，最主要的特性是生命活性和自我复制。为了维持高度有序的生命体负熵，生命体必须不断地输入能量并转换和利用这些能量。这一过程也是生命活性的体现，催化这一生物化学过程的有机大分子是蛋白质。生命体无法永生，为了维系种群的存在，就必须自我繁殖。遗传信息的载体是核糖核酸和脱氧核糖核酸。要研究清楚生命的起源，首先要搞清楚蛋白质和核酸这两类有机大分子的结构和性质。

1.2.1 蛋白质

蛋白质是一种生物大分子，它是生命活动的承担者和体现者。蛋白质能够催化生物化学反应，这种能力得益于它特有的复杂三维空间结构。氨基酸是构成蛋白质的基本单元，氨基酸的排列顺序赋予蛋白质特定的分子结构，使其具有特定的生化活性。

氨基酸是组装蛋白质的零件，由氨基（-NH$_2$）、羧基（-COOH）和 R 基组成，其结构如图 1-4 所示。自然界中构成地球生命的氨基酸有 20 种，分别是甘氨酸、丙氨酸、缬氨酸、亮氨酸、异亮氨酸、苯丙氨酸、脯氨酸、色氨酸、丝氨酸、酪氨酸、半胱氨酸、蛋氨酸、天冬酰胺、谷氨酰胺、苏氨酸、天冬氨酸、谷氨酸、赖氨酸、精氨酸和组氨酸。

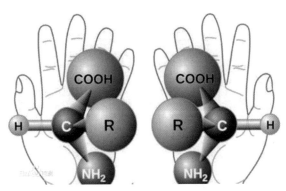

图 1-4 左手型氨基酸和右手型氨基酸的结构示意图（图片来源: NASA Goddard/Office of the Chief Technologist）

对称性通常是指物体在某些变换下的不变性，这些变换包括平移、反射、旋转等。在化学中，如果一个分子或离子不能通过任何变换叠加在其镜像上，我们就称它们为对映异构体。氨基酸的两种对映异构体通常标记为"右（左）手型"或 D（L）型氨基酸。手征性是氨基酸等很多有机分子的固有属性。与典型的化学合成不同，手征性在生命系统的生化过程中被破坏。例如，地球上几乎所有生物的蛋白质中只有 L- 氨基酸，核糖核酸中只有 D- 核糖。生物手征性的起源是一个长期困扰我们的难解之谜，它被认为与生命的起源有关。

氨基酸可以通过脱水缩合反应连接在一起。多个氨基酸结合在一起形成的有特定排列顺序的氨基酸链叫"肽链"。蛋白质就是由一条或多条肽链组成的有机大分子，每条肽链由十至数百个氨基酸组成。蛋白质具有催化生命过程的功能，这是由它的空间结构决定的，它的空间结构则由氨基酸的排列顺序决定。图 1-5 展示的是人和其他动物的胰岛素的氨基酸排列顺序，这是由英国科学家弗雷德里克·桑格（Frederick Sanger）于 1955 年首先测定的。你可能已经发现，人胰岛素和其他动物胰岛素的氨基酸排列顺序的差异很小。这说明人和这些动物的亲缘关系比较近，由共同的祖先进化而来。

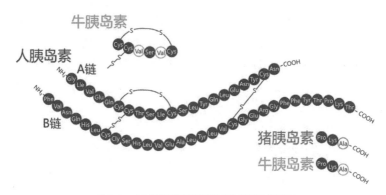

图 1-5　人和其他动物的胰岛素的氨基酸排列顺序

第一种人工合成的蛋白质是牛胰岛素（如图 1-6 所示），由中国科学家在 1965 年成功制备。人工合成的牛胰岛素和天然的牛胰岛素具有相同的物理化学性质及生物活性。从某种意义上说，这是人类首次模拟了生命起源过程中的一个非常重要的过程——从有机小分子到有机大分子。

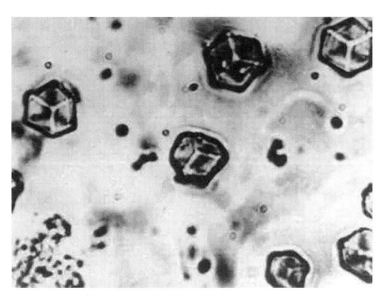

图 1-6 人类合成的第一种具有生物学功能的蛋白质——牛胰岛素（图片来源：中国科学院、北京大学）

对于从氨基酸到肽链的过程，我们了解得相对比较清楚，也在实验室里模拟了这一过程。肽链折叠成蛋白质则是自然条件下的自发过程，不需要特殊的反应条件和催化物。因此，蛋白质起源的关键是氨基酸的合成。

1.2.2 核糖核酸和脱氧核糖核酸

核糖核酸（RNA）和脱氧核糖核酸（DNA）是生命所有信息的载体，承担着生命自我复制的任务。核苷酸是由核糖或脱氧核糖、磷酸和碱基三种物质组成的化合物，其中碱基又有嘌呤和嘧啶两类，具体结构如图1-7所示。核苷酸有核糖核苷酸及脱氧核苷酸两类，其中脱氧核苷酸是组成DNA的基本结构，核糖核苷酸是组成RNA的基本结构。碱基可以进一步分为腺嘌呤、鸟嘌呤、胞嘧啶、尿嘧啶和胸腺嘧啶等。碱基的排列顺序就是生物体的遗传信息，可以通过自我复制遗传给后代。

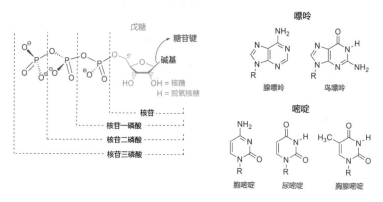

图1-7　核苷酸的分子结构（图片来源：维基百科）

　　DNA的化学结构是两条多脱氧核苷酸链围绕一中心轴而成的双螺旋结构，如图1-8所示。脱氧核糖－磷酸链构成双螺旋结构的骨架，碱基通过氢键在其中配对相连，从而形成稳定的分子结构。这一结构由詹姆斯·沃森（James Watson）和弗朗西斯·克里克（Francis Crick）在1953年共同发现，如图1-9所示。这个里程碑式的发现开启了分子生物学的时代。

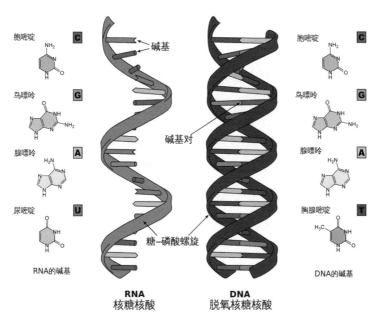

图 1-8　DNA 和 RNA 的化学结构，左为 RNA，右为 DNA（图片来源：维基百科）

图 1-9　左为詹姆斯·沃森，右为弗朗西斯·克里克（图片来源：维基百科）

碱基的排列顺序构成的遗传信息在细胞分裂时会发生 DNA 复制过程，从而实现遗传信息的世代传递。进化出 DNA 的关键可能是核苷酸的合成，找到核苷酸的生成过程可能就找到了打开生命起源这把锁的一把钥匙。

1.2.3　中心法则与 RNA 世界假说

中心法则阐明了遗传信息的复制与表达过程，它是现代生物学中最重要、最基本的规律。中心法则的具体过程如图 1-10 所示，遗传信息从 DNA 传递给 RNA，再从 RNA 传递给蛋白质，即完成遗传信息的转录和翻译过程。图 1-11 更生动地描绘了这一过程。同时，遗传信息可以从 DNA 传递给 DNA，这是 DNA 的复制过程。所有的细胞生物都遵循上述中心法则。有些 RNA 病毒的 RNA 也可以自我复制（如烟草花叶病毒等），有的还可以在宿主体内以自身 RNA 为模板逆转录成 DNA。

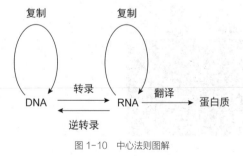

图 1-10　中心法则图解

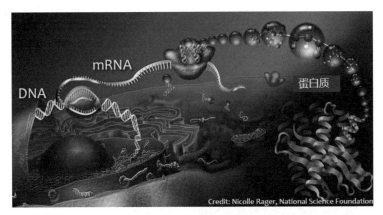

图 1-11 从 DNA 到蛋白质的遗传信息转录和翻译（图片来源：Nicolle Rager）

从中心法则可以看出，RNA 在生命的生物化学过程中扮演了非常重要的角色。它既携带遗传信息，也可以自我复制。同时，RNA 还能以功能分子的身份催化生化反应。由于 RNA 具备自我复制和生物活性的优点，1980 年度诺贝尔化学奖获得者沃尔特·吉尔伯特（Walter Gilbert）提出了"RNA 世界假说"。这个假说认为早期的生命仅由 RNA 组成，后期才进化出按照中心法则繁殖和表达遗传信息的生物。

1.3 物种起源与进化论

缤纷多彩的生命世界是怎么来的？关于这个问题，历史上有过长期的争论，产生了很多种理论，其中最为人们所认可的理论是英国博物学家、地质学家和生物学家查尔斯·达尔文（Charles Darwin，如图 1-12 所示）提出的进化论。

图 1-12　查尔斯·达尔文（1809—1882），英国博物学家、地质学家和生物学家，进化论的提出者（图片来源：维基百科）

达尔文在他的巨著《物种起源》中阐述了进化论。他认为物种不是一成不变的，而是在不断进化的。在繁殖过程中，生物会产生各种变异。有的变异适应环境，进而被保留下来；而那些具有不利变异的个体，就被自然选择无情淘汰了。久而久之，生物在定向的自然选择下，逐渐把每一代的微小变异放大，并最终导致新物种的诞生。

根据进化论，现在的各种生物都是由简单到复杂逐渐进化而来的。图 1-13 展示的是生命从简单的单细胞生物进化为复杂的高等级动植物的过程。有很多证据证明进化论是正确的，最重要的证据是科学家挖掘出的各种各样的化石，如图 1-14 所示。化石越古老，生命体就越简单。复杂的高等级生物总是在晚期才出现。通过化石挖掘，科学家还弄清楚了物种起源、进化过程中的一些中间环节的很多细节，比如从猿到人的进化过程。

图 1-13　生物进化谱系树

图 1-14　山旺山东鸟化石，现存于
山东临朐山旺古生物化石博物馆

　　化石证明生物是由简单到复杂进化而来的。地球上的所有生物都有一个原始的共同祖先，科学家把它叫作最近普适共同祖先（Last Universal Common Ancestor，LUCA）。一般认为，最近普适共同祖先出现于极早期的地球，距今至少有 35 亿年。它分化出细菌与古菌，进而进化出地球上的各种生物。

　　研究生命起源的问题就是探寻最近普适共同祖先的足迹，构建出从无机到有机的一整套过程。当然，这个过程异常艰难，并且充满各种争论和不确定性。到现在为止，我们还远未触及这一问题的最终答案。

1.4　天体生物学

提起天体生物学，很多人容易想到各种文学作品或影视作品中的外星人或者不明飞行物（unidentified flying object，UFO），但是它们之间其实没有什么联系。天体生物学是一门严肃的交叉学科，研究人员众多。它讨论的问题其实和我们日常所说的外星人或者 UFO 有本质的不同。

1.4.1　科幻作品中的地外生命和 UFO

地外生命指的是地球外的生命体。虽然还没有找到地外生命，但人们已经进行了非常多的美好想象和艺术创作，如图 1-15 所示。无数科幻小说中有外星人的踪影，许多影视作品中也有对外星人的浪漫想象。比如，在系列电影《星球大战》中就有形形色色的外星生物，但都是基于地球上各种动物的样貌设计的。电影《阿凡达》中的外星人和地球人很像，只不过通体呈蓝色，而《疯狂的外星人》里的"外星人"就是一只猴子。很多人痴迷于寻找外星高等生命，有的人则认为这样的行为非常危险。比如在小说《三体》中，地球人因为和外星文明建立了联系而遭到灭顶之灾。这些科幻作品都是虚构出来的，很少会有人信以为真。

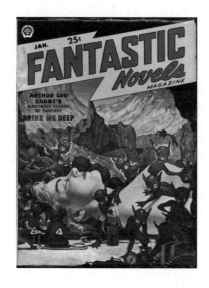

图 1-15 阿瑟·利奥·扎加特（Arthur Leo Zagat）的小说 *Drink We Deep* 中的外星人在 1951 年 1 月的 *Fantastic Novels* 杂志封面上被描绘成小绿人（图片来源：*Fantastic Novels*）

　　与外星人存在与否不同，许多人对 UFO 信以为真。究其原因，我想是因为直接搜寻外星人太难了，于是很多人把注意力转向了外星人乘坐的交通工具。这其中的逻辑很简单：除人类发明的飞行器外，地球上不存在其他大型飞行设备，如果发现未知来源的飞行器，就间接证明了地外高等级生命的存在。由于很多所谓 UFO 事件真假难辨，很多只有目击报告，因此完全、彻底地解释所有的 UFO 事件有些不切实际。

　　但实事求是地讲，所有关于 UFO 的报告，无一例能被完全认定为地外飞行器。有些所谓 UFO 事件（如图 1-16 所示），经过细致调查后，能够找到背后的原因，比如某些气象现象、人造航天器本身或其部件等。即使是那些暂时还难以搞清楚成因的 UFO 事件，也都无法被证实为外星智慧生物的飞行器。我本人并不相信真的有外星智慧生物到访过地球，所以 UFO 等没有定论的话题不在本书讨论之列。天体生物学也和这些颇具神秘色彩的事件没什么关系，还请务必加以辨别。

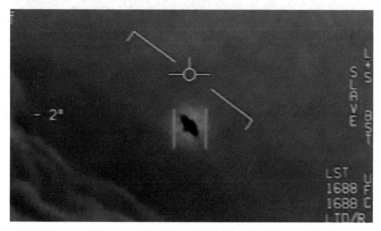

图 1-16　美军公布的视频截图

1.4.2　现代天体生物学

维基百科对天体生物学的定义是："一门研究生命在宇宙中的起源、早期演化、分布和未来发展的交叉学科。"它的研究对象并不仅限于地外生命，也包括生命的起源等问题。这一交叉学科的研究内容包括太阳系中的宜居环境、太阳系外宜居行星的搜寻、火星和其他太阳系天体上的前生命化学和生命证据的搜寻、早期地球的生命起源和演化、生命适应地球和太空环境的潜力，以及宇宙中有机分子的搜寻等，如图 1-17 所示。

图 1-17　宇宙中的有机分子示意图（图片来源：欧洲航天局）

美国国家航空航天局（NASA）在其网站上介绍了它在天体生物学领域着力探寻的三个基本问题："生命是如何开始和进化的？地球以外是否有生命，如果有，我们如何探测到它？地球上和宇宙中的生命未来如何？"很显然，这三个研究方向都是关于生命的终极问题，每一个进步都会增进我们对生物、行星和宇宙的理解。天体生物学是一门前沿交叉学科，涉及天文学、地球和行星科学、微生物学和进化生物学、宇宙化学等多门学科。国际上也有一些专门发表天体生物学论文的期刊，其中比较有名的有《天体生物学》

（*Astrobiology*）和《国际天体生物学杂志》（*International Journal of Astrobiology*），如图 1-18 所示。

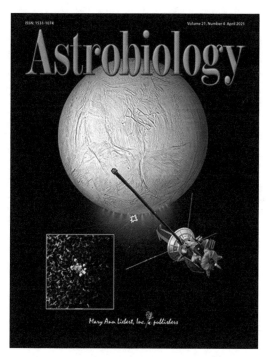

图 1-18　天体生物学领域的著名期刊《天体生物学》

对地外生命的搜寻还处于非常初级的阶段，人类制造的探测器主要在太阳系内开展搜寻活动。迄今为止还没有发现地外生命的确凿证据。尽管如此，人类探索的脚步不会停止，相关的科学研究正在紧锣密鼓地进行中。我希望通过本书提高大众对天体生物学的关注度，更希望有小读者以后也能加入到这一领域的研究中来。

　　本书的目的就是向读者介绍天体生物学的一些基本概念、研究内容、研究方法及最新进展。第 2 章主要讨论构成生命的元素在宇宙中的产生机制，以及恒星、行星的形成与演化等内容，这部分是生命的物质基础。第 3 章主要讨论主流的生命起源理论——化学起源说。第 4 章介绍另外一种假说——宇宙胚种论，它主张地球生命来自星际空间。第 5 章是我在地球生命起源方面的一些思考和研究。第 6 章主要介绍太阳系内地外生命搜寻的一些研究进展。第 7 章讨论系外行星、行星宜居性和费米悖论等内容。第 8 章讨论可能会引发地球生物大灭绝事件的一些天文现象，以及可能的应对方案。最后一章对全书进行总结，并展望未来。

　　鉴于作者水平有限，本书的内容难免有一些解释得不清楚甚至谬误之处。希望读者谅解，更希望有心的读者能够指出书中的错误，以便后续版本订正。

第 2 章

生命的物质基础

　　我们知道，物质世界是由原子和分子组成的，分子本身其实也是由原子通过化学键组合而成的。原子的质量非常小，一亿亿亿个氢原子的质量总和只有约 1.6 克。原子其实也不是组成物质世界的最小结构，它由中心的原子核和外围的电子组成。原子核带正电，外围电子带负电，原子整体呈电中性。不过，原子核也不是基本粒子，它由带正电的质子和不带电的中子组成。质子和中子也不是基本粒子，它们由更基本的夸克组成。化学元素是具有相同的核电荷数（也就是核内质子数）的一类原子的总称。已发现的自然界中的化学元素共有 110 多种，如图 2-1 所示。

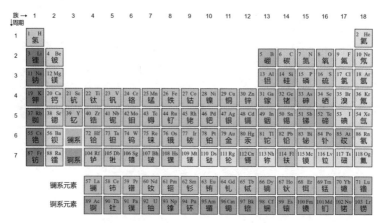

图 2-1　元素周期表（图片来源：维基百科）

科学家普遍认为，宇宙起源于 138 亿年前的一次大爆炸。大爆炸之后的宇宙温度极高，并没有原子与分子，更没有恒星与行星。组成生命的基本元素（碳、氮、氧）是如何形成的呢？生命的载体（行星）和生命的能量来源（恒星）又是如何在宇宙中形成的呢？这些是生命的物质基础，是在宇宙演化过程中渐次形成的。由于不是本书的主要内容，本章仅简略介绍，感兴趣的读者可以阅读专门的宇宙学科普书。

2.1　宇宙的演化与原初核合成

宇宙大爆炸的起点是密度无穷大的奇点。所谓奇点，通常认为是密度无限大、能量无限高、体积无限小的"点"。现有的理论

无法描述奇点的物理规律。大爆炸之后，宇宙经历的第一个阶段是
暴胀，也就是时空急速膨胀，如图 2-2 所示。暴胀开始的时间大约
是一万亿亿亿亿分之一秒，结束时宇宙年龄约为一亿亿亿亿分之一
秒。在如此短的时间内，宇宙急速膨胀了一百亿亿亿倍。暴胀理论
是美国科学家阿兰·古斯（Alan Guth）在 1980 年提出的。这个模
型解决了宇宙大爆炸理论的很多问题，比如视界问题和平坦性问题
等。暴胀这一观念虽然已被科学界广为接受，但是仍然有很多问题
和细节还没有搞清楚。比如，是什么样的场驱动了暴胀？是一个场
还是多个场？这些问题有待进一步的实验观测和理论研究。

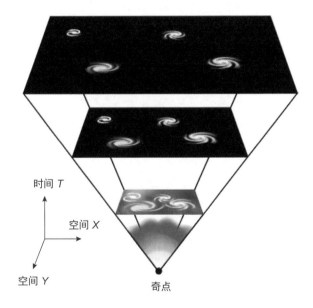

图 2-2　时空膨胀的示意图（图片来源：维基百科）

由于时空极速膨胀，宇宙的温度也快速降低。当暴胀结束后，宇宙的温度通过一个重加热的过程重新恢复到暴胀前的水平，然后宇宙进入辐射主导期。

进入辐射主导期后，组成宇宙的物质"挤"在一个非常狭小的空间里，宇宙的温度和密度都非常高，可以说是一锅由基本粒子组成的"热粥"。在这种状态下，粒子不断地产生和湮灭，各种粒子都处于热平衡状态。由于温度极高，任何复合粒子都会被高能粒子"无情地打碎"。所以在当时的宇宙中，只有电子、夸克、光子和中微子等基本粒子，质子、中子、原子和分子等还没有形成。随着时间的推移，宇宙变得越来越冷，复合粒子逐渐产生。在宇宙年龄为一百万分之一秒时，宇宙的温度下降到重子能够存活的程度，夸克开始结合成为重子，如质子和中子。

在宇宙的极早期，由于处于热平衡状态，物质和反物质是同样多的。但是我们现在的宇宙是物质的世界，反物质大多消失了。这些反物质都去哪里了？这仍然是一个未解之谜。

在宇宙年龄为 3 分钟时，质子和中子开始发生核反应，生成更重的原子核，如图 2-3 所示。这一过程叫作**原初核合成**，大约持续了 17 分钟。原子核按照由轻到重的过程，逐渐产生更大质量的原子核，如氢的同位素氘（也写作氢 -2，由一个质子和一个中子组成）、氦的同位素氦 -3（两个质子，一个中子）和氦 -4（两个质子，两个中子）、锂的同位素锂 -6（三个质子，三个中子）和锂 -7（三个质子，四个中子）等。除了这些稳定的原子核，还有一些不稳定的放射性同位素也在这一时期被合成出来，如氚（一个质子，两个中子）、铍 -7（四个质子，三个中子）和铍 -8（四个质子，四个中子）。这些不稳定的同位素会发生衰变，从而变成更轻的原子核，但在衰变还没发生时，也会作为合成更大质量原子核的"原材料"，为原初核合成做贡献。原初核合成主要产生的是原子核质量较小的轻核，比如氦、锂等。大爆炸核合成过程中生成的氦核元素大约是氢的十分之一；氢 -2 和氦 -3 仅是氢核的十万分之一；锂 -7 和铍 -7 的比例更小，约为百亿分之一。至此，轻核元素——氢和氦——已经在宇宙中生成了。以此为原料，宇宙将开启恒星时代。

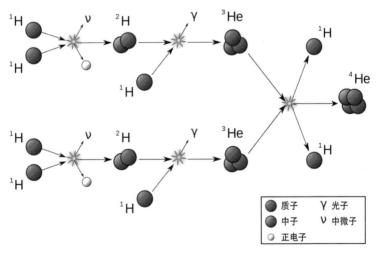

图 2-3　大爆炸核合成过程中，由质子和中子合成氦原子核的反应过程，其中红球代表质子，灰球代表中子，白色的小球代表正电子，ν 代表中微子，γ 代表光子（图片来源：维基百科）

第一代恒星的诞生

在宇宙约 1 万岁时，其中物质的能量密度超过辐射，成为宇宙能量最主要的部分。在约 38 万岁时，宇宙的温度降至 3000 摄氏度。在此温度下，原子核和电子得以结合在一起形成电中性的原子。由于原初核合成过程产生的主要是轻核，因此新产生的原子主要是氢原子和氦原子。

在形成原子之前，光子是不能在宇宙中自由穿行的，而会频繁地与电子和质子等带电粒子碰撞。但是，当带电粒子结合成原子之后，光子就可以在宇宙中畅通无阻地穿行了，这种现象叫作**物质－辐射退耦合**。退耦合之后的光子就变成了宇宙的背景辐射。随着宇宙的演化，背景光子的温度降低，波长变长。今天能够测量到的宇宙背景辐射温度为 2.725 开尔文，也就是大约 −270 摄氏度。这种光子的波长在微波波段，故称其为**微波背景辐射**。

但是微波背景辐射的温度涨落幅度太小，还不足以据此演化形成现在的宇宙大尺度结构，这时候就需要暗物质来帮忙了。暗物质的退耦合更早，密度涨落随着宇宙的演化而增大。光子退耦合后，氢原子等会在引力的作用下，向暗物质密度大的地方聚集。氢原子越聚越多，中心的温度也会越来越高。当温度高到能点燃核聚变反应的时候，第一代恒星就形成了。

第一代恒星形成于宇宙大约两亿岁的时候，如图 2-4 所示。在那之前，宇宙中没有可以发光的天体，这一时期被称为"宇宙的黑暗时代"。恒星发出的强烈辐射使其周围的原子物质再电离，变成等离子体。可以通过中性氢的 21 厘米谱线来观测和研究宇宙的第一缕曙光。2018 年，美国亚利桑那州立大学的贾德·鲍曼（Judd Bowman）和麻省理工学院的阿兰·罗杰斯（Alan Rogers）等人合作开展的 EDGES 项目利用设置在澳大利亚默奇森射电天文台的射电天线，首次探测到了宇宙早期的 21 厘米氢原子辐射信号。这一发现为我们研究宇宙的黑暗时代和宇宙再电离过程打开了一扇窗。

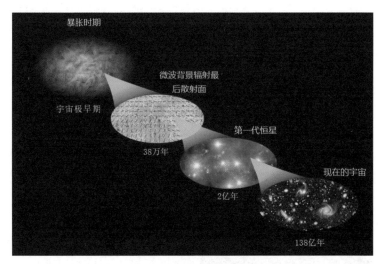

图 2-4　宇宙的不同时期。四个阶段分别是暴胀、微波背景辐射、第一代恒星诞生和现在的宇宙（图片来源：Bock et al. 2006, astro-ph/0604101）

恒星聚在一起慢慢形成了星系，星系形成了星系团，星系团形成了超星系团。就这样，宇宙变成了我们现在看到的样子。在宇宙

大约 90 亿岁时，暗能量的密度开始大于普通物质和暗物质的能量
密度，宇宙开始加速膨胀。

2.2 恒星的演化与核合成

1920 年，英国著名天文学家亚瑟·爱丁顿（Arthur Eddington）
提出，恒星的能量来自氢到氦的核聚变过程，并提出更重的重元素
也可能是在恒星内部核反应过程中合成的。核聚变是较轻的原子核
结合而形成重核的核反应。由于这个过程有质量亏损，因此根据质
能关系，亏损的质量以能量的形式释放出来。恒星核聚变产生的巨
大热量会把物质向外推，对抗引力收缩效应，维持恒星的稳定与平
衡，如图 2-5 所示。

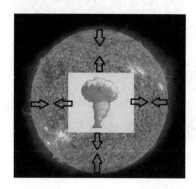

图 2-5　恒星中心的核聚变反应是恒星能量
的来源，也是对抗引力收缩效应的物理机制

太阳中的氢原子核通过一系列的核聚变反应变成氦原子核，并
且释放大量的能量和中微子等粒子。太阳核心的物质可以被加热

到 1500 万摄氏度，并通过对流和辐射转移等过程把热能输送出来。热能的输送过程使太阳的温度由内而外逐渐降低，到太阳表面大气时，温度已降至 5000 摄氏度左右。这一温度对应的发光体，辐射主要集中在可见光波段。因此，我们看到的太阳又白又亮。

　　和生命一样，恒星也会经历出生和死亡，恒星的演化史其实就是与引力收缩效应的对抗史。恒星的寿命和它的质量密切相关。恒星的质量越大，寿命越短，反之则越长。太阳的寿命约为 100 亿年，而 60 倍太阳质量的恒星，其寿命就短得多，只有约 300 万年。十分之一太阳质量的恒星，其寿命长达 10 万亿年，远长于宇宙 138 亿年的年龄。恒星的形成和演化过程非常复杂，如图 2-6 所示。本节通过介绍恒星演化过程，讨论各种天体和化学元素的起源。

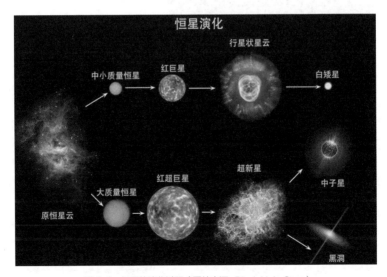

图 2-6　恒星的演化过程（图片来源：Black Hole Cam）

2.2.1　中小质量恒星的演化

恒星要对抗引力收缩效应，必须通过核聚变过程源源不断地获得能量。但是当恒星核心的氢元素"燃烧"完之后，恒星核心就变成了一个氦核。由于核心的氢核聚变停止，氦核在引力的作用下向内收缩。在收缩过程中，引力势能转换成热能，核心区温度增高。当温度升高到1000万摄氏度时，核心外围氢元素的核聚变反应再次被点燃。更外层的恒星物质受热膨胀，恒星的体积急速增大千倍以上，形成红巨星，如图2-7所示。

图2-7　哈勃望远镜拍摄的位于鲸鱼座的红巨星——蒭藁增二 A（图片来源：NASA）

恒星的外部壳层继续燃烧，氦核继续收缩，核心的温度不断升高。当氦核温度达到1亿摄氏度时，核燃烧产生碳的核聚变反应被点燃。氦核和壳层氢核的燃烧使恒星外层持续膨胀，体积不断增大，表面温度也随之下降到三四千摄氏度。核心持续收缩，最终会与外层物质完全分开。恒星的外层继续扩张，通过质量抛射形成行星状星云。

在恒星内部，由于辐射压减小，核心部分无力对抗引力收缩效应，物质向中心坍缩，恒星密度急剧增大，最终形成一种依靠电子简并压抵抗引力收缩效应的新天体——白矮星。顾名思义，白矮星发光微弱。全部热量都释放完后，白矮星会变成一颗冰冷的黑矮星，太阳的宿命就是如此。电子简并压能够对抗的引力收缩效应有一个极限质量，超过这个质量，天体就会继续坍缩下去，直至变成中子星或者黑洞。这个极限质量叫作**钱德拉塞卡极限**，其值为太阳质量的 1.44 倍。

2.2.2　大质量恒星的演化、超新星爆发与宇宙射线

大质量恒星（太阳质量的 8 ~ 40 倍）在进入氦燃烧阶段后，会形成更加巨大的红超巨星。红超巨星的表面温度相对较低（三四千摄氏度），但半径是太阳的 200 ~ 800 倍，甚至超过日地距离。红超巨星是宇宙中名副其实的"大个头"。

红超巨星核心的核反应对于铁以下元素的形成至关重要。在氦燃烧之后，恒星内部逐次启动碳燃烧、氖燃烧、氧燃烧和硅燃烧等过程，最终形成铁核。很多红超巨星的质量足够大，能够保证其

核心的核反应不断发生，并最终形成铁核。虽然内部核反应非常复杂，但是红超巨星的寿命很短暂，只有数十万年至数百万年。越接近生命末期，红超巨星内部核反应产生的元素就越重，也越接近核心。最终形成一个元素由外到内、由轻到重的洋葱型结构分布，如图 2-8 所示。这个过程叫作**恒星核合成**，生命活动的最重要的元素——碳、氮、氧——都是在恒星核合成过程中形成的。

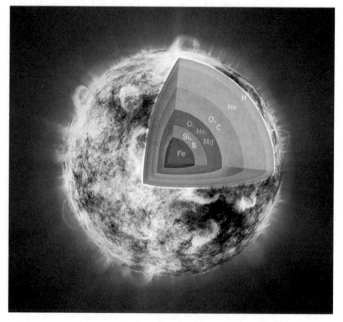

图 2-8　红超巨星洋葱型结构分布（图片来源：NASA/CXC/M. Weiss）

　　恒星核合成到铁元素就终止了，因为后续的过程会消耗能量。这时，如果红超巨星核心的质量超过钱德拉塞卡极限，那么电子简并压将无法对抗引力收缩效应，核心向内塌陷，形成中子星或黑洞。

　　红超巨星核心的塌陷过程会释放巨大的能量，形成超新星爆发，如图 2-9 所示。超新星爆发过程所释放的能量和太阳一生辐射的总能量相当，这会瞬间照亮整个星系，并持续数周、数月甚至数年。超新星爆发过程抛射出去的物质具有极高的能量，最终形成宇宙射线。

图 2-9　超新星 SN 1054 的遗迹——蟹状星云（图片来源：NASA/ESA/J. Hester, A. Loll）

　　超新星爆发释放出的巨大能量，可以把物质加热到比恒星核心还高的温度。如此高的温度营造出一个允许更大质量元素形成的环境。在超新星爆发过程中合成重核元素的过程叫作**超新星核合成**，其间可以生成原子量高达 254 的元素。此外，超新星爆发过程会产生大量的中微子，这一点已经被超新星 SN 1987A 的观测结果所证实。

人类曾多次观测到超新星，并记录在文献之中。最早有文献记录的超新星是我国东汉的天文学家发现的 SN 185（超新星以 SN 加发现年份来编号）。《后汉书·天文志》记载："中平二年（185 年）十月癸亥，客星出南门中，大如半筵，五色喜怒，稍小，至后年六月消。"这颗超新星在夜空中闪耀了 8 个月才慢慢暗淡下去。

爆发于豺狼座的 SN 1006，可能是人类有史以来看到的视亮度最高的超新星。根据文献推测，这颗超新星的亮度达到了 −9 等。也就是说，它比金星和夜空中最亮的恒星天狼星都要亮很多。有的报道甚至猜测，当时的人们可以借助它的光芒在半夜阅读。

SN 1987A 是银河系的卫星星系大麦哲伦云中的一颗超新星，如图 2-10 所示。它距离地球约 16.8 万光年，最亮时视星等为 3 等，是开普勒超新星以来我们观测到的距离最近的超新星。在 SN 1987A 的光子到达地球前三小时，世界各地有三台中微子探测器同时探测到中微子爆发，共有 25 个事例。这是人类第一次直接探测到来自超新星爆发的中微子，标志着中微子天文学的开端。当然，先探测到中微子并不代表中微子的速度比光速快，而是因为中微子比可见光更早被发射出来。

图 2-10　爆发后的超新星 SN 1987A。恒星爆炸形成的冲击波加热周围物质，形成非常亮的圆环（图片来源：NASA Goddard Space Flight Center）

　　一般认为，银河系内的宇宙射线是由超新星爆发产生的。超新星在爆发时会把自身的物质以极高的能量抛射出去，这些高能粒子在银河系的磁场空间里穿梭。在穿梭过程中，这些高能带电粒子还会和星际物质发生碰撞，产生很多次级宇宙射线粒子，包括正电子、反质子等反物质粒子。极高能宇宙射线粒子的质量非常大，无法被银河系的磁场束缚，所以只能来自银河系外。我们尚不清楚这种宇宙射线的具体起源，可能的起源有伽马射线暴、活动星系核等，不过还需要进一步研究才能下定论。宇宙射线每时每刻都在轰击地球。高能宇宙射线粒子在地球大气中会产生级联簇射现象，从而产生大量的低能带电粒子，如图 2-11 所示。这些粒子有的完全被大气吸收，有的会到达地面并被各种探测器捕捉，比如西藏的羊八井宇宙射线实验和四川稻城的拉索实验所用的探测器。

图 2-11　高能宇宙射线轰击地球大气时产生的级联簇射现象（图片来源：伯明翰大学）

2.2.3　中子星并合与超铁元素的产生

伽马射线暴（简称伽马暴）是指来自天空中某一方向的伽马射线强度在短时间内突然增强的天文现象，如图 2-12 所示。伽马射线暴在爆发瞬间会释放出巨大的能量，点亮整个星系。伽马射线暴的能量喷射具有方向性，它向两个相反的方向喷射。通过这种集束现象，能量的强度进一步得到增强。根据持续时间，伽马射线暴可以分为两类：长暴（两秒及以上）和短暴（不足两秒），它们的起源是不同的。现在科学家普遍认为长暴是大质量恒星坍缩形成黑洞的过程中产生的。此外，长暴在许多情况下也与超新星爆发过程关联产生。

图 2-12　大质量恒星演化与伽马射线暴形成过程的艺术想象图（图片来源：维基百科）

科学家通常认为短暴是在中子星并合过程中产生的，如图 2-13 所示。两颗中子星可以组成双星系统，它们在互相绕转时会不断地以引力波的形式向外辐射能量。随着系统总能量的减小，两颗中子星越来越近。最终，这两颗中子星会撞到一块儿，形成更大质量的中子星或者黑洞。这个过程会在非常短的时间内把能量以伽马射线的形式辐射出去，形成短暴。这一过程同时会产生引力波辐射，引力波可以被地面的引力波探测装置"捕捉"。

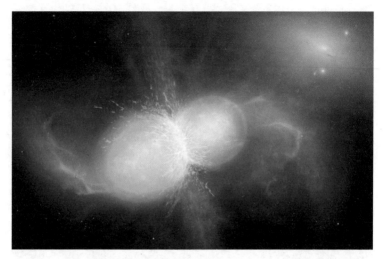

图 2-13　两颗中子星并合的艺术想象图（图片来源：European Southern Observatory/ University of Warwick/Mark Garlick）

　　碰撞抛射出的物质通过快中子俘获过程产生大量的重核元素。由于这些重核元素并不稳定，因此它们会继续衰变，形成可见光和近红外波段的辐射。这一过程会产生亮度达新星千倍的爆发，所以也被称为"千新星"。千新星是核子数大于铁核子数的元素的重要来源之一。需要指出的是，"千新星"这一概念最早是李立新博士（现为北京大学教授）和玻丹·帕琴斯基（Bohdan Paczynski）教授提出的，它是近几年天文学最热门的研究课题之一。中子星碰撞产生的引力波、短暴和随后的千新星都已经被天文学家成功观测。

2017 年 10 月 16 日，LIGO 和 Virgo 联合宣布第一次同时探测到引力波（GW170817）信号。双中子星并合过程产生的千新星的电磁波信号也随后被成功探测。

最后，我们总结一下不同质量的恒星所面临的最终命运和元素的形成。小于 8 倍太阳质量的恒星，其命运是演化为白矮星，并最终变成黑矮星；8 ~ 15 倍太阳质量的恒星，其最终命运是演化为中子星；大于 15 倍太阳质量的恒星，最终会变成黑洞。原子量小于铁的轻核元素形成于大质量恒星内部的核反应过程，超铁元素起源于中子星并合过程。这些元素都存在于地球上，这和地球特殊的形成过程密切相关。

2.3 太阳系的形成与演化

顾名思义，分子云就是由各种分子组成的星云，它的主要成分是氢分子，此外还有一氧化碳、甲烷等分子。分子云内部的质量分布并不均匀，散布着纤维状、团块状、稠密核等一些常见结构。天文观测发现，年轻的恒星分布在分子云内部或附近，也就是说，分子云是孕育新恒星的场所。图 2-14 展示的是猎户座星云。

恒星的形成始于分子云内的稠密核。稠密核的密度和质量都显著地大于周围的区域，因此稠密核是引力的中心。在引力的作用下，分子云内的物质不断地被吸引到稠密核上。于是，稠密核的质量像滚雪球一样不断变大。质量变大后，自身的引力收缩效应也更加强烈，因此稠密核不断收缩。最终，稠密核和周围的分子云环境分裂，形成叫作**恒星胚胎**的结构。恒星胚胎的质量约为太阳质量的百分之一，但是其半径比太阳的半径大得多。

图 2-14　猎户座星云——孕育新恒星的场所（图片来源：NASA/ESA）

恒星胚胎继续吸收周围的物质，其内部温度进一步升高。当温度达到 2000 多摄氏度时，氢分子就离解了。当温度高到气体的压强可以与引力相平衡时，恒星胚胎停止坍缩，形成流体静力学平衡状态。此时的恒星被称为**原恒星**。在原恒星的强大引力下，分子云的物质继续被吸引过来，在原恒星周围形成星周盘，如图 2-15 所示。星云物质包围着星周盘，呈壳层结构。壳层内的物质先掉入星周盘，再落到原恒星上。

图 2-15　阿塔卡马大型毫米波 / 亚毫米波阵列首次观测到位于金牛座 HL 的星周盘（图片来源：Ralph Bennett，ALMA，ESO/NAOJ/NRAO）

随着原恒星的进一步演化，壳层结构内的物质被吸积殆尽。星周盘无法继续获得物质，其内部的尘埃物质结合成团块结构，这些团块结构是进一步形成行星等结构的基础。质量较大的原恒星在自身引力的作用下继续收缩，最终点燃内部的核反应，一颗恒星就此正式诞生啦！

太阳系就是按照普通恒星形成的机制，形成于约 50 亿年前的一片巨大分子云中一小块的引力坍缩。我们把这块分子云称为原太阳星云。太阳形成于坍缩中心，分子云的主要物质也汇聚于此。如图2-16所示，外围的物质摊平并形成了一个原行星盘，随后在其中形成了行星、彗星、小行星等天体。它们共同组成了太阳系。在太阳系形成以前，其附近曾经发生过一次中子星并合事件。这次事件把大量的金、银等重元素抛入原太阳星云，这才有了我们现在佩戴的贵金属首饰。

图2-16　原行星盘形成过程的艺术想象图（图片来源：ESO/L. Calçada）

当然，这还不是故事的全部。太阳系在形成后经历了相当大的变化，如图2-17所示。一些行星的卫星形成于它周围的星盘中，还有一些来自母星被剧烈撞击后的抛射物（比如夜空中的月亮）。行星的位置经常迁移，甚至互相易位。

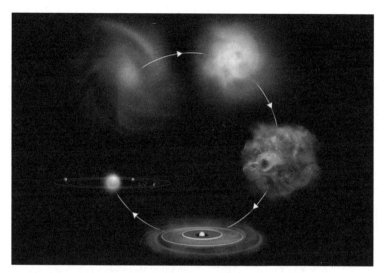

图 2-17　太阳系的形成与演化（图片来源：NRAO）

在冥王星被"开除行星资格"之后，太阳系只剩下八颗行星了。但有的科学家认为还存在未被发现的第九颗行星，还有科学家提出第九颗行星是一个黑洞。当然，这些都是假说。第九颗行星是否真的存在，还有待进一步观测和验证。

恒星在"形成－演化－死亡－再形成"的循环中不断往复。我们的太阳是宇宙中的第三代恒星。第一代恒星和太阳间隔了数十亿年，当时还存在一个恒星时代。长久以来，大家逐渐忽略了这一个恒星时代对生命起源的影响。在第 5 章中，我们将探讨一种基于这一代恒星系统的生命起源机制。

第 3 章

化学起源说

生命到底是如何起源的？这是一个长久困扰我们的问题。古人无法理解这个问题，只能把原因归结为造物主。比如在中国，古人认为世间万物由盘古所化，还有女娲造人。图 3-1 展示了古人想象的女娲形象。

后来的先哲提出了一种非常原始的生命起源理论——自然发生说。这种理论认为现今的生物体是在无机物中自然产生的，比如跳蚤来自灰尘等无生命物质，蛆由腐肉自然产生。1864 年，法国科学家路易·巴斯德（Louis Pasteur）等通过一系列实验证明生命不会出现在没有被现有生命污染的区域。之后，自然发生说基本不再被提及。

图 3-1　女娲（图片来源：萧云从刊刻的《离骚图》，1645 年）

　　随着近代生物学突飞猛进地发展，我们对生命也有了革命性的理解和认识。关于生命起源这一长久困扰我们的难题，科学家提出了更科学的理论和猜想。本章介绍这一领域最为人所熟知和认同的模型——化学起源说。

3.1　化学起源说的提出

　　关于生命起源，伟大的博物学家达尔文最早提出真知灼见。1871 年，他在写给英国植物学家约瑟夫·达尔顿·胡克（Joseph Dalton Hooker）的一封信中谈到了生命起源的问题。达尔文写道："……然而如果我们能够想象有一个温暖的小池塘，其中富含氨和磷酸盐，再加上光、热、电等，就可以想象某种蛋白质化合物得以形成，并且准备经历更复杂的变化。在今天，这样的物质会被立刻吞噬或吸收，但这种情形在生物形成之前是不会发生的。"图3-2展示了这样一个"温暖的小池塘"。

图3-2 美国黄石国家公园里的一个热液池，一个"温暖的小池塘"（图片来源：维基百科）

达尔文的这段漫不经心的猜测，竟然和我们现在关于生命起源的理论惊人地相似，这令人肃然起敬。生命起源的理论必须解释从简单的无机分子到有机大分子并最终实现自我复制的有机分子体系的过程。化学起源说由亚历山大·奥巴林（Alexander Oparin，如图3-3所示）和 J. B. S. 霍尔丹（J. B. S. Haldane）提出。这一假说认为，地球上的生命是在地球诞生后极其漫长的时间内，由无机物经过极其复杂的物理化学反应过程逐渐地演化而成的。3.2 节将详细论述这一过程。本节先讨论这一过程的发生之地。

图 3-3　苏联生物化学家亚历山大·奥巴林（图片来源：Russian Academy of Sciences）

生命的"龙兴之地"

化学起源说认为生命起源于早期地球的物理化学反应，具体地点除了达尔文提出的"温暖的小池塘"，还有多种其他假说。

很多研究人员认为生命起源于海底热泉附近。海底热泉（也被称作海底热液系统）是从海底喷出并经由地热加热过的水及其裂缝喷发口，通常存在于火山活动频发、大陆板块移动的地区及海盆、热点等地。相对于海底其他区域，海底热泉附近区域的生物更为繁盛，也更为欣欣向荣。

　　海底热泉模型有很多证据支持，其中最强的证据来自"分子钟"。通过基因测序勾勒出的地球生物"进化树"显示，接近于"最近普适共同祖先"的最原始的微生物绝大多数是从海底热液环境中分离出来的超嗜热古菌。适合这些微生物生存的环境，就暗示了生命的诞生之地是海底热液喷口，如图3-4所示。需要着重指出的是，海底热泉可能不只存在于地球上，木星的卫星木卫二上可能也有。如果生命起源于海底热泉附近，那么木卫二上也可能存在生命。

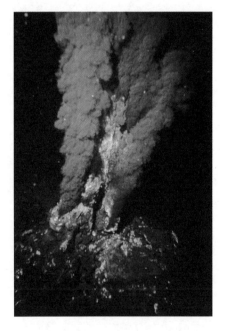

图3-4　大西洋海底的深海热泉
（图片来源：P. Rona/OAR/NURP，NOAA）

　　J. D. 伯纳尔（J. D. Bernal）于1949年首先讨论了黏土矿物在生命起源中的作用，这一模型也被称作"黏土世界"（Clay

World）。他在论文中指出，黏土矿物颗粒排列有序、吸附力强，还能屏蔽紫外线、浓缩有机化合物，并且拥有作为聚合模板的能力。此外，黏土矿物还有有机催化剂的功能。这些特征使黏土矿物成为理想的生命起源之所。

还有一种假说认为生命起源于地球原始大气放电引发的化学反应，著名的米勒 – 尤里实验模拟的就是这个过程。大气中形成的有机分子汇集到原始海洋中，继续完成生命起源的后续过程。

3.2　从无机分子到有机生命的过程

化学起源说关于生命起源的具体过程，一般分为四个阶段：从无机分子到有机小分子，从有机小分子到有机大分子，从有机大分子到多分子体系，以及原始生命的诞生。

3.2.1　从无机分子到有机小分子

第一个阶段是从无机分子生成有机小分子的阶段。

如图 3-5 所示，著名的米勒 – 尤里实验模拟了原始地球的大气环境。结果显示，原始大气在闪电（实验用电火花模拟）的作用下能产生多种有机物。在米勒 – 尤里实验中共生成 20 种有机物，包含 11 种氨基酸，其中甘氨酸、丙氨酸、天冬氨酸和谷氨酸是生物蛋白质的常见成分。除此之外，米勒－尤里实验还合成了氰化氢，而氰化氢可以进一步合成腺嘌呤。米勒－尤里实验证明，有机物在地球早期的环境中可以从无机物合成出来。需要指出的是，在米勒－尤里实验中产生了等量的左手型氨基酸和右手型氨基酸，这和生命体中基本上是左手型氨基酸的事实不一致。

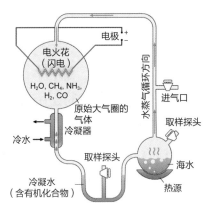

图 3-5　米勒－尤里实验（图片来源：维基百科）

太空环境是否也能合成有机分子呢？利用射电天文学的相关技术，可以搜索宇宙中的星际分子。科学家在星云和星际气体中发现了多种有机物，其中还有构成生命的必备"原料"。星际有机分子种类繁多，比如多环芳烃和乙醇醛。NASA 的研究报告指出，多环芳烃在星际物质环境中经过进一步的化学反应可以合成更复杂的有机化合物，并且"逐步向形成核苷酸和氨基酸（分别是 DNA 和蛋白质的组成成分）的道路前进"。乙醇醛是组成 RNA 的必要物质之一，也是生命体必需的有机分子。由此可见，有机小分子的合成可能是比较普遍的，在很多环境中能够自然发生。第 4 章将介绍一种基于这些事实提出的宇宙胚种论模型。

3.2.2　从有机小分子到有机大分子

第二个阶段是从有机小分子到有机大分子的过程，即氨基酸、核苷酸等有机小分子物质，在适当条件下（如黏土的吸附作用），经过长期的相互作用合成出原始的蛋白质和 DNA 分子的过程。我们对这一过程了解得相对比较清楚，也在实验室里模拟了这一过程，如图 3-6 所示。

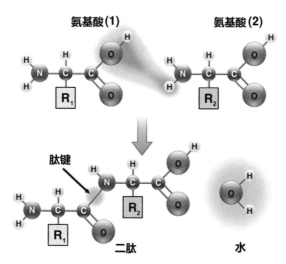

图 3-6　氨基酸脱水缩合形成多肽（图片来源：维基百科）

　　在蛋白质和 DNA 哪一种大分子先出现的问题上，历来争论不断。蛋白质的合成需要 DNA 信息的翻译和表达，而 DNA 的复制等过程又需要蛋白质催化。这个问题就像是先有鸡还是先有蛋的问题，公说公有理，婆说婆有理。中国科学院院士赵玉芬教授提出，磷酰化氨基酸（氨基酸和磷的化合物）是真正的生命起源的种子，并提出"核酸与蛋白质共同起源与进化学说"。这一模型用一个方案解决了两种大分子的起源问题，受到国内外很多学者的广泛关注。

　　RNA 世界假说认为首先出现的是 RNA，因为这种生物大分子兼具 DNA 的遗传功能和蛋白质的催化功能。这样的模型也能解决蛋白质和 DNA 哪一种先出现的难题。总之，第二阶段的演化进程是可理解与可复现的。

3.2.3　从有机大分子到多分子体系

　　第三个阶段是从有机大分子到多分子体系的过程。对于该过程的具体细节，我们现在还无法准确地知道，模型有团聚体假说、微球体假说和脂球体假说等。团聚体（coacervate）这一结构就是化学起源说的提出者之一奥巴林发现的。他将明胶水溶液和阿拉伯胶水溶液混在一起，在显微镜下看到了无数的小滴，他称其为"团聚体"，如图 3-7 所示。奥巴林后来发现蛋白质、核酸、磷脂和多糖等混在一起也能形成团聚体。

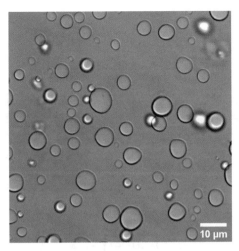

图 3-7　团聚体（图片来源：维基百科）

团聚体本质上是一种由有机物构成、具有隔离外界的边界膜和内化学环境的有机物集团。它可以通过膜从外界吸收物质，也可以排出废物。而且加入团聚体内的酶还具有催化活性，可催化一些生物化学反应。尽管团聚体具有一些类似生命的特征，但它很不稳定，和真正的生命相比还有较大差距。

3.2.4　原始生命的诞生

第四个阶段是有机多分子体系演变为原始生命的过程，以具备生化活性和遗传功能的细胞的诞生为标志。这个新诞生的原始生命就是地球上所有生物的共同祖先——最近普适共同祖先（LUCA），如图 3-8 所示。之后，就是我们熟知的生物进化进程。这一阶段发生在原始海洋中，它是生命起源过程中最复杂和最有决定性意义的阶段。但是，我们现在对这个阶段的具体细节了解得非常不清楚，也许对人工合成生命的探索能给我们一些有用的提示信息。

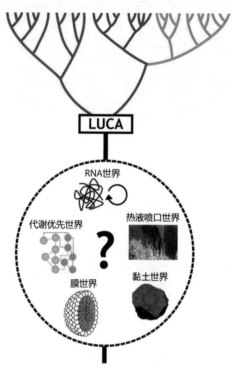

图 3-8　生命起源与进化的示意图，请注意 LUCA 在其中的核心作用（图片来源：Kathryn A. Lanier & Loren Dean Williams）

　　实事求是地说，除了对第二个阶段比较有把握外，我们对另外三个阶段还有太多的疑问，需要进一步研究。

3.3　关于化学起源说的一点讨论

首先必须指出的是，在宇宙中一定发生过从无机到有机的演化过程。抛开具体细节来说，化学起源说一定是正确的。不过，这个过程一定发生在地球上吗？从无机到有机的演化过程需要多长时间？地球生命最早出现在什么时候？从地球诞生到生命出现，是否有足够的时间完成这一过程？

生命起源用了多长时间完成？利用不同的模型，不同的研究人员给出了不同的估计结果。我看到的对该时间的估计，从十万年到几千万年、上亿年都有。生命从单细胞生物到多细胞生物，用了约20 亿年。最复杂的生物——哺乳动物——出现于约 2 亿年前。而人类只有几百万年的历史。这也许预示着越早期、越原始的过程，其所需的时间就越长。以此推断，生命起源也许需要更长的时间。

地球的年龄大约是 45.4 亿岁，地球海洋形成得更晚一些，大约形成于 43 亿年前。地球上最早的生命是什么时候形成的呢？科学家通过研究古老的微化石寻找这个问题的答案。微化石是尺寸小于 1 毫米的化石。这些化石中的生物通过肉眼不可见，需要借助于光学显微镜或电子显微镜。已有确凿的证据证明生命形成的时间不晚于 35 亿年前。通过研究微化石样本，J. 威廉·舍普夫（J. William Schopf）和约翰·W. 瓦利（John W. Valley）领导研究团队确定了这些样本确实是生物的化石，如图 3-9 所示。利用放射性核素的半衰期测年方法，研究人员证实这些化石的形成时间是 35 亿年前。

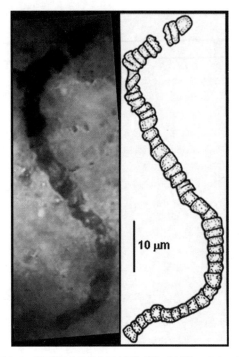

图 3-9　岩石样本中的微化石（图片来源：J. William Schopf）

　　不过有些研究发现，地球生命起源的时间可能更早。马修·多德（Matthew Dodd）在发表于《自然》杂志的一篇文章中指出，他和同事在发现于加拿大魁北克的一块岩石上发现了一根细丝，其结构看起来特别像生命体，如图 3-10 所示。这块化石的年龄介于 37.5 亿岁和 42.8 亿岁之间。

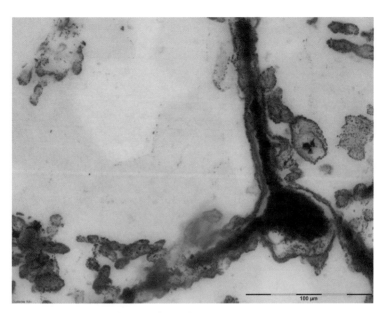

图3-10 疑似最古老的生物化石（图片来源: AFP PHOTO/NATURE PUBLISHING GROUP/Matthew Dodd）

2022 年，中国地质大学（武汉）的科学家多米尼克·帕皮诺（Dominic Papineau）、佘振兵和马修·多德等也分析了来自魁北克的那块岩石，成果发表在著名学术期刊《科学进展》（*Science Advances*）上。他们宣称"新发现了一个更大、更复杂的'树枝'状结构——近 1 厘米长的主干茎和单侧生长的平行管状分枝，以及共生的大量椭球体"[①]，如图 3-11 所示。由于已知的非生物化学过程不会产生这样的结构，因此他们认为这些"树枝"状结构可能是古

---

① 引用自中国地质大学（武汉）官网的报道。

老细菌形成的微生物群落。这一成果进一步提高了多德等人工作的可信度，也把生命起源的时间向前推进了 3 亿～ 8 亿年。

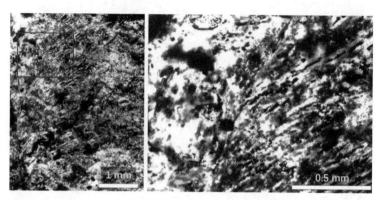

图 3-11　Nuvvuagittuq 表壳岩带"树枝"状化石（左）与局部放大图（右）[图片来源：Dominic Papineau et al. Sci. Adv. 8, eabm2296 (2022)]

如果这些化石证据是正确的，那么说明生命在地球海洋刚诞生不久就出现了。留给生命起源的时间非常短，这一推测能否令人信服只能是智者见智了。

第 4 章

宇宙胚种论

宇宙胚种论的英文名称为 Panspermia。这个单词还有多种译法，比如泛种论、泛胚种论、宇宙胚种说、胚种论、胚种说、胚种假说、有生源说等。这一假说认为生命可以进行星际输运或行星际输运，并且地球上最早的生命就来自外太空。这一思想的萌芽可以追溯到古希腊哲学家阿那克萨哥拉（Anaxagoras），后来贝采利乌斯、开尔文、亥姆霍兹和阿雷纽斯等科学家都曾先后提出类似的概念。尽管听起来非常科幻，但很多科学家（包括我本人）认为这是一个严肃、逻辑自洽的科学假设。

宇宙胚种论认为生命体可以在行星际（同一恒星系统的不同行星之间）空间或星际（恒星系统之间）空间中存活和移动。这些生命的载体可能是行星或彗星，它们因为某种机制被弹射到宇宙中并漫无目的地穿梭，如图 4-1 所示。需要指出的是，在宇宙中"流浪"的天体并不是一种假设，而是确确实实存在的。2017 年，名为奥陌陌（Oumuamua）的太阳系外天体曾短暂造访过太阳系。2019 年 8 月 30 日，天文爱好者根纳季·鲍里索夫（Gennady Borisov）发现了一颗疑似来自太阳系外的彗星——C/2019 Q4，如图 4-2 所示。后来，这颗彗星以他的姓命名，即 2I/Borisov。

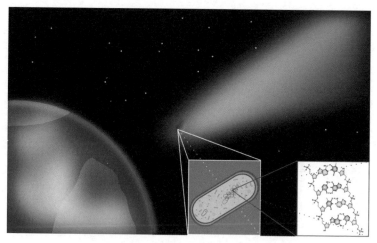

图 4-1　宇宙胚种论给出的地球生命起源示意图（图片来源：维基百科）

图 4-2　疑似来自太阳系外的彗星 2I/Borisov（图片来源：Gemini Observatory/NSF/AURA）

　　事实上，宇宙胚种论还可以根据胚种空间输运的不同进一步细分，主要的模型有辐射胚种论、陨石胚种论、定向胚种论、偶然胚种论和赝胚种论等，我们将在后续的几节中分别讨论。太空环境非常恶劣，具有高真空、高辐射和极低温的特点。这些在宇宙中流浪的“胚种”必须有非常强的生存能力，才能顺利到达下一个家园。鉴于此，我们首先讨论的是生命的空间生存问题。

4.1　生命的空间生存问题

4.1.1　嗜极生物

　　实际上生命对环境的适应能力远超我们的想象，在地球上就有能适应极端环境的生命体——嗜极生物。嗜极生物是可以在极端环境中生存和繁衍的微生物，极端环境包括无氧环境、极端温度环境、高酸碱度环境、高真空环境、高辐射环境等。这些生命体的DNA、RNA、蛋白质、脂类和多糖成分，以及其代谢途径、基因表达、抗逆性机制等都与一般生物不同。它们对生命起源和外星生命的搜寻都具有很高的研究价值。

和生命的空间生存有密切联系的嗜极生物有以下三类。

1. 嗜冷生物

嗜冷生物是指能够在低温下生长和繁殖的极端微生物，通常存在于极地、冻土、冰川和深海等寒冷之处。有报道称，研究人员曾在 -39 摄氏度以下的冰冻土壤中测量了活性微生物[1]。维基百科低温生物学词条这样介绍嗜冷生物：缓步动物门能够短暂耐受接近绝对零度的温度（-273 摄氏度）; Haemonchus contortus（一种线虫）的幼虫可以在 -196 摄氏度的低温下存活 44 周。

2. 耐辐射生物

耐辐射生物可以忍受高强度辐射，对紫外线辐射、电离辐射等都具有极强的抗性。有些耐辐射球菌和缓步动物可以承受 5000 戈

---

[1] N.S. Panikov, P.W. Flanagan, W.C. Oechel, M.A. Mastepanov, T.R. Christensen. Microbial Activity in Soils Frozen to Below -39℃. Soil Biology and Biochemistry. 38(4), 2006: 785–794.

瑞（gray，每千克物体吸收 1 焦耳的辐射剂量就是 1 戈瑞）的大剂量电离辐射。

3. 耐真空生物

著名的耐真空生物是缓步动物门的水熊虫，如图 4-3 所示。水熊虫对真空环境有非常强的耐受力。此外，还有一些耐真空的微生物。

图 4-3　水熊虫（图片来源：Bob Goldstein & Vicky Madden，UNC Chapel Hill）

有的生物不只耐受单一极端环境，而是全能"选手"。比如耐辐射奇球菌，它是已知最耐辐射的一种生物，还可以在寒冷、脱水、真空和强酸的环境中生存，是一种多极端微生物。前面提到的水熊虫同样颠覆了我们对地球生物的环境适应能力的认知。它可以在高辐射高真空的外太空、炙热的温泉、寒冷的南极和缺氧的深海中活蹦乱跳，可能是已知生命力最顽强的一种生物。

水熊虫等对环境耐受能力极强的生物，提示我们生命体具备意想不到的环境适应能力，或许可以搭乘彗星等天体实现星际之旅。

4.1.2　生物的空间生存实验

据报道，在国际空间站外曾开展过三个系列的天体生物学实验。科学家把各种生物分子、微生物及其孢子暴露在国际空间站外的高真空、高辐射环境中长达一年半的时间。实验发现，有些生物体在休眠状态下存活了相当长的时间。东京大学的研究人员与日本宇宙航空研究开发机构（JAXA）合作开展了"蒲公英"（Tanpopo）项目，研究细菌能否在太空中生存，如图 4-4 所示。研究人员将实验样本放在国际空间站外部的暴露板上，将不同厚度的干燥样品分别暴露在太空环境中一年、两年和三年，然后观察是否有存活下来的样本。结果发现，在第一层死细菌的保护下，菌落能够存活。研究人员估计，直径为 1 毫米的菌落在外层空间条件下可能存活 8 年。

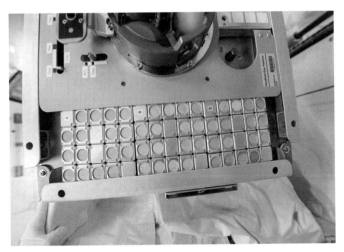

图 4-4　"蒲公英"项目的实验装置（图片来源：JAXA/NASA）

生命星际飞行实验项目（LIFE Project）曾经计划将几种特定的微生物放在一个小盒子里并送入太空，进行为期三年的太空之旅。这个实验的目的是测试生命能否在太空中存活数年。可惜的是，由于程序错误，飞行器未能飞离地球轨道。

4.2　辐射胚种论

1903 年，诺贝尔奖获得者斯万特·阿雷纽斯（Svante Arrhenius）在 "The Distribution of Life in Space"（生命在太空中的分布）中提出，微观生命形式可以在恒星辐射压力的驱动下在太空中传播，这就是**辐射胚种论**（radiopanspermia），如图 4-5 所示。阿雷纽斯认为临界尺寸小于 1.5 微米的胚种可以在恒星辐射压力的作用下高速传播，直到到达一个条件有利于它发展成更大、更复杂的生命形式的环境。然而随着胚种的增大，这种辐射驱动的效果会显著减弱。

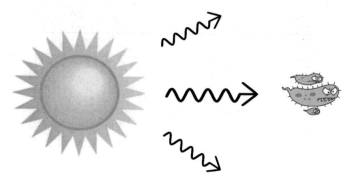

图 4-5　辐射胚种论示意图

杰夫·塞克（Jeff Secker）等人计算了嵌入在尘埃颗粒中的细菌和病毒通过辐射压力从太阳系中喷射出去，并传播到其他恒星系统的可能性[①]。在许多情况下，生命的种子难以在这一过程中存活下来，因为太阳的紫外辐射会杀灭它们。但如果这些胚种被陨石等包裹，并且在恒星生命周期的红巨星阶段被抛射出去，那么这些生命的种子就有可能活着到达另一个恒星系统。这也是 4.3 节要讨论的内容。

辐射胚种论面临诸多挑战，最主要的是，生命在星际旅行期间要长时间暴露在辐射中，这会使其 DNA 或 RNA 发生变性。太空

① Jeff Secker et al. Astrophysical and Biological Constraints on Radiopanspermia. The Journal of the Royal Astronomical Society of Canada. Royal Astronomical Society of Canada 904, 1996.

轨道实验 ERA、BIOPAN、EXOSTACK 和 EXPOSE 等收集的数据也表明，即使仅暴露在星际空间中几秒，很多孢子也会被杀死。因此，科学家普遍认为辐射胚种论的可行性比较低。

4.3 陨石胚种论

陨石胚种论（lithopanspermia）认为生命的种子被包裹在陨石等天体之中，从一个天体输运到地球，从而开启了生命的进程。这种情况在理论上是可行的，比如一颗小行星撞击火星，这会造成火星的岩石物质向外喷射。这些火星陨石就可以被地球的引力捕获，从而落到地面上，如图 4-6 所示。事实上，我们已经在地球上发现了多块火星陨石。尽管还没有证据表明太阳系中曾发生过这种过程，但很多科学家认为地球生命可能源自被陨石包裹的活性生物。

陨石胚种论可以大体分为三个阶段，分别是行星抛射、中途生存和进入大气。有趣的是，我们现在可以通过实验来研究陨石胚种论的各个阶段。需要指出的是，这三个阶段都是对生命的残酷考验，顺利通过这三个阶段是低概率事件。科学家指出，即使有机体在所有三个阶段都存活下来，它们在新世界里存活的可能性也仍然相对较低 [1]。

---

[1] Ian von Hegner. Interplanetary Transmissions of Life in an Evolutionary Context. International Journal of Astrobiology. 19(4), 2020: 335–348.

图 4-6 火星陨石的产生和输运到地球的过程（图片来源：Cornelia Meyer. Science in School Issue 9: Autumn 2008）

4.3.1 行星抛射

很显然，生命的种子必须能够在从行星表面的抛射过程中存活下来。在这个过程中，生命面临着严酷的考验。要克服行星引力，抛射物必须受到极大的冲击力，从而拥有极高的加速度。这一过程可能使抛射物经历数百摄氏度的高温。我们可以在地面上利用超速离心机等装置模拟这个过程，确定加速度在抛射过程中对微生物的影响。这方面已有一些相关的研究。

4.3.2 中途生存

科学界已经利用地面模拟设备和近地轨道空间站对微生物在高辐射环境和高真空环境中的生存情况进行了广泛的研究。这些研究对载人航天和未来的空间航行具有重要意义，也让我们了解到部分嗜极生物在太空中具有顽强的生命力，4.1.1 节已经有所讨论。德国航空航天中心的科学家设计了使用俄罗斯的 Foton 卫星进行的实验。他们将细菌孢子与黏土、红砂岩、火星陨石或模拟的火星土壤混合，以使小团块的直径超过 1 厘米。然后，将这些团块通过卫星暴露于外层空间。经过两周的暴露，研究人员发现几乎所有与红砂岩混合的细菌孢子都存活了下来。这些探索为研究生命起源和宇宙胚种论提供了非常宝贵的信息。

4.3.3 进入大气

和航天器飞回地球一样，在陨石从外太空落到地面的过程中，巨大的引力势能转换为动能，陨石在大气中剧烈燃烧。陨石既可能在大气中爆炸（比如车里雅宾斯克陨石事件，如图 4-7 所示），也可能猛烈撞击地面。陨石内包裹的微生物能否在这些过程中存活下来？我们可以利用轨道飞行器模拟这些过程。一些研究表明，微生物在这些过程中是可以存活的[1]。英国肯特大学的科学家迪娜·帕西尼（Dina Pasini）使用可以将物体加速到极高速度的两级轻型气枪，将冷冻的微拟球藻颗粒发射到水中并测试样品，看是否有微拟球藻存活下来。研究发现，即使以 6.93 千米 / 秒的速度撞击，也有一小部分微拟球藻存活了下来。这一实验模拟的是陨石撞击地球的过程，结果虽令人吃惊，但有效地支持了宇宙胚种论。

图 4-7　车里雅宾斯克陨石事件（图片来源：Alex Alishevskikh）

---

[1] Rachael Hazael et al. Bacterial Survival Following Shock Compression in the GigaPascal Range. Icarus, Volume 293, 1 September 2017, Pages 1-7.

4.4　定向胚种论

　　定向胚种论（directed panspermia）是由诺贝尔奖获得者弗朗西斯·克里克（DNA 双螺旋结构的发现人之一）与莱斯利·奥格尔（Leslie Orgel）共同提出的，如图 4-8 所示。定向胚种论认为，地球生命是外星高级生命有意设计并定向传播到地球上的结果。他们于 1971 年在亚美尼亚布拉堪天文台举行的关于与地外文明交流的会议上提出了这种被称为"定向胚种论"的猜想，并于两年后在 *Icarus* 期刊上正式发表了这一模型。克里克和奥格尔在文中非常谨慎地指出，这一模型"没有任何强有力的论据，但有两个薄弱的事实可能与之相关"。这两个事实就是遗传密码的普遍性及钼在有机过程中的重要性。

图 4-8　弗朗西斯·克里克（左）和莱斯利·奥格尔（图片来源：*FASEB* 期刊）

　　克里克和奥格尔利用遗传密码的普遍性来支持定向胚种论。他们认为，如果生命多次起源或从更简单的遗传密码进化而来，那么可以预期，生物会使用大量遗传密码。克里克和奥格尔还推断，如果只有一个密码，那么随着生物体的进化，它们应该进化为使用相同的密码子来编码不同的氨基酸。动物学研究者克里斯蒂安·奥尔利克（Christian Orlic）曾将这一现象和语言做过类比：虽然使用相同的符号（比如字母），但人们总是以不同的方式组合它们，从而形成不同的语言，比如法语、意大利语、西班牙语、葡萄牙语、加泰罗尼亚语等[①]。

他们最有说服力的论据是钼在有机过程中的重要性及其在地球上的相对稀缺性。克里克和奥格尔认为，生物体应该带有起源环境的印记，不太可能对极其稀有的元素产生依赖性。他们指出，生物体内"异常丰富的钼"可能预示着生命起源于富含钼的环境中，而地球地壳中的钼含量比较少。后来，因为人们发现海洋中的钼含量高于地壳，所以这一论据受到了很多挑战。

有多位科学家提出，如果在最原始的微生物的基因组或遗传密码中发现独特的外星智慧生物的"签名"信息，那么就可以证明定向胚种论是正确的。日本科学家横木广光和大岛太郎曾设计过一个实验来检验噬菌体 φX174 的 DNA 携带来自高等外星文明信息这一假设[②]。诚然，这些想法都非常大胆，但远不是科学界的普遍共识。是否相信这些结论，由你自行判断。

---

① 详见 "The Origins of Directed Panspermia" 一文。
② Yokoo Hiromitsu, Tairo Oshima. Is Bacteriophage φX174 DNA a Message from an Extraterrestrial Intelligence. Icarus 38, 1979: 148–153.

2000 年，一部名为《火星任务》的电影在美国上映。在这部令人耳目一新的电影中，人类首次载人登陆火星的任务遭遇神秘事故。救援队前往火星开展救援和事故调查的任务时，意外发现远古火星人的遗迹。三名宇航员前往遗迹"考古"，发现火星人在很久前因为天体撞击事件而逃往其他行星系统。最后一艘火星飞船中的智慧生物取出了体内的 DNA，将其放入飞行器并发射到地球上。这部有趣的电影关于地球生命起源的创意疑似来源于定向胚种论，它是科学和艺术的一次有趣的融合。

这样的模型其实是可行的，人类自己其实已经有能力把生命定向输送到太阳系内的各天体。但是在三四十亿年前，是否有如此先进的文明，是颇值得怀疑的。有科学家按照这种思路，提出了原胚种论（protospermia）。NASA 天体生物学研究中心的科学家贝图尔·卡卡尔（Betül Kaçar）曾经提出将生命的化学能力发送到另一颗行星上。她写道："如果人类能够在比目前存在的生命更广泛的环境下激发多种生命起源，我们应该这样做吗？"对于这个问题的答案，我写道："在我们的推动下产生的任何生命都是适应该环境的产物，就像我们的生命是地球的产物一样。它将是独一无二的，并且'属于'那个目的地，就像地面上的岩石和大气中的气体一样。"

偶然胚种论

天文学教授托马斯·戈尔德（Thomas Gold）在 1960 年提出了"宇宙垃圾"的假说，他认为地球上的生命可能起源于很久之前外星生物倾倒在地球上的一堆废品。这一模型被称为偶然胚种论（accidental panspermia）。它和定向胚种论有些相似，我想二者的区别在于外星高级生命是有意还是无意把生命送到地球上的。如果陆地细菌等微生物藏在前往另一个星球的航天器上，那么可能会发生意外的生命星际输运。因此，为了避免对其他拥有潜在生命的行星（例如火星）造成污染，NASA 等机构的所有行星际飞行器都遵循严格的净化协议。

4.5 赝胚种论

赝胚种论（pseudo-panspermia）也被称为软胚种论、分子胚种论或准胚种论。这种假说认为，构成生命体的有机分子起源于星际空间，也存在于原太阳星云等分子云中。在太阳系的形成过程中，这些有机分子被裹挟入行星，并按照化学起源说所描述的步骤一步步产生生命。可以简单地这样理解：化学起源说所描述的四个步骤中的第一步在太空中完成，其他步骤在地球上完成。

分子云中究竟有没有有机分子呢？答案是肯定的。碳质球粒陨

石是一种比较稀少（约占 4.6%）的陨石，科学家认为它保存着形
成太阳系的太阳星云的信息。如图 4-9 所示，著名的默奇森陨石就
是一种碳质球粒陨石，它富含氨基酸等有机化合物。菲利普·施密
特－科普林（Philippe Schmitt-Kopplin）和他的合作者在默奇森陨
石中鉴定了 70 种氨基酸。同样的情况还见于印度的 Mukundpura
陨石。根据目前的研究，陨石中已鉴定出 96 种氨基酸。此外，
NASA 科学家还在"维尔特 2 号"彗星的尘埃样本中发现了生命的
关键组成成分——甘氨酸。有些研究表明，DNA 的组成部分（腺

图 4-9　默奇森陨石，现藏于美国华盛顿特区国家自然历史博物馆（图片来源：维基百科）

嘌呤、鸟嘌呤等）也可能已经在外太空形成。这些事实可能暗示分子云中存在氨基酸。

2012 年 8 月，哥本哈根大学的天文学家首次在距离地球 400 光年的原恒星双星 IRAS 16293-2422 周围发现了一种特定的糖分子乙醇醛。乙醇醛是形成 RNA 所必需的，其功能与 DNA 相似。这表明复杂的有机分子可能在行星形成之前就已在恒星系统中形成，最终在它们形成的早期到达年轻的行星。2013 年，研究人员在距离地球约 25 000 光年的巨分子云人马座 B2（Sgr B2）中发现了重要的有机分子乙胺（C_2H_5N）。乙胺可能是 DNA 关键成分的前体，也可能在氨基酸的形成过程中起到重要作用。研究人员还发现了一种叫作氰基甲亚胺的分子，它产生腺嘌呤。腺嘌呤是在 DNA 的梯状结构中形成"梯级"的四种核碱基之一。同样是在这片巨分子云中，由美国国家射电天文台的布雷特·麦圭尔（Brett McGuire）博士和加州理工学院的布兰登·卡罗尔（Brandon Carroll）领导的研究团队发现了第一个星际手征分子——环氧丙烷（C_3H_6O），如图 4-10 所示。人马座 B2 是巨大的恒星形成云，质量大约是太阳的 300 万倍，位于银河系的中心附近。

到目前为止，科学家已经在星际介质中检测到 200 多种分子，其中绝大多数是有机分子，有些分子还和生命有着比较紧密的关系。这些事实都说明赝胚种论既具有非常扎实的观测基础，也具有现实的可行性。

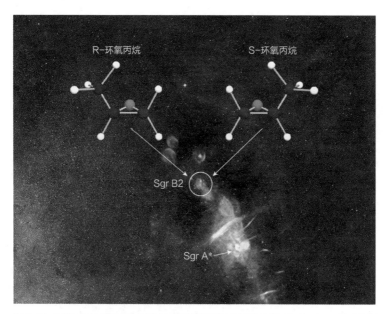

图 4-10　巨分子云人马座 B2 和在其中发现的手征分子（图片来源：B. Saxton、N-RAO/AUI/NSF；数据来源：N. E. Kassim、Naval Research Laboratory、Sloan Digital Sky Survey）

　　组成 DNA 和 RNA 的碱基共有五种：腺嘌呤、胸腺嘧啶、胞嘧啶、鸟嘌呤和尿嘧啶。科学家很早之前就在陨石中发现了嘌呤，但一直没找到嘧啶。2022 年 4 月，日本北海道大学的小叶康弘教授等在《自然·通信》上发表的论文指出，他们借助新的分析方法在默奇森、默里和塔吉什湖等陨石样品中找到了嘧啶碱基，包括胞嘧啶、尿嘧啶和胸腺嘧啶及其异构体。该研究表明，陨石中的各种碱基可以作为早期地球上 DNA 和 RNA 的来源或组成部分。图 4-11 展示了陨石携带碱基等有机物到达早期地球的情形。

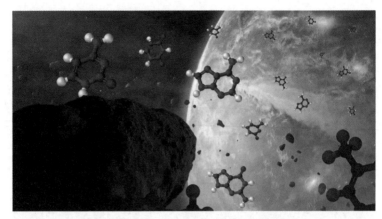

图 4-11　陨石携带碱基等有机物到达早期地球的艺术想象图（图片来源: NASA Goddard/ CI Lab/Dan Gallagher）

据日经网 2022 年 6 月 6 日报道，日本文部科学省官员当天透露，日本科学家在"隼鸟 2 号"探测器从"龙宫"小行星上采集的样本（见图 4-12）中发现了 20 多种氨基酸。这是人类首次在地外小行星上发现氨基酸，这一发现可以帮助科学家解开生命起源这一难解之谜。同时，这表明氨基酸等有机物广泛存在于太阳系之内。我们有理由相信，早期地球也富含这样的有机小分子。由此可见，赝胚种论确实有很大的可行性。

2020 年，马尔科姆·W. 麦吉奥赫（Malcolm W. McGeoch）等人在预印本文库发表了一篇题为《Hemolithin：一种含有铁和锂的陨石蛋白》[1]的论文，并宣布，他们在两颗陨石（Acfer

---

① Malcolm W. McGeoch, Sergei Dikler, Julie E. M. McGeoch. Hemolithin: a Meteoritic Protein Containing Iron and Lithium. arXiv:2002.11688, 2020.

086 和 Allende）中首次发现了含有铁和锂的蛋白质，并称其为
Hemolithin。如最终获得证实，这一发现将是赝胚种论的强有力证
据。不过比较遗憾的是，该论文直到目前为止仍未正式发表。对这
一结果的正确性，科学界的争议很大，还需要更多的研究来证实或
证伪这个颇有意思的结果。

图 4-12　"隼鸟 2 号"探测器从"龙宫"小行星上带回的样本（图片来源：JAXA）

　　赝胚种论模型获得了加拿大麦克马斯特大学的本·K. D. 皮尔
斯（Ben K. D. Pearce）教授等研究人员的支持。他们在研究中发
现，早期地球受到的陨石撞击远比现在频繁。陨石能将碱基等有

机物带到地面的热池中，进而开启了生命起源的 RNA 世界。因陨石撞击而产生的热池就扮演了达尔文所谓"温暖的小池塘"的角色（见图 4-13），因此这种假说本质上属于赝胚种论。

图 4-13　陨石撞击产生的"温暖的小池塘"（图片来源：Ben K. D. Pearce）

4.6　关于宇宙胚种论的一点讨论

相比于化学起源说，宇宙胚种论的提出时间更早。近几年来，围绕宇宙胚种论的各种讨论较多，它也受到较多关注。但总体来说，宇宙胚种论还只是一个模型，并未得到所有人的认可。不过，我本人认同宇宙胚种论，相信生命起源不是发生在地球上的偶然事件，而是宇宙演化的必然结果。尽管如此，我仍然认为宇宙胚种论还有一些问题难以解答，这一模型还不令人满意。

宇宙胚种论最大的问题是没有真正解释生命如何起源、起源于何时何地等萦绕在我们心头的本质问题。在宇宙的早期，物质的温度和密度都很高，以至于原子和分子都不存在，当然不可能有生命。生命必然有一个从无机到有机的发展过程。从这个意义上来说，类似于化学起源说的物理化学过程一定发生过。宇宙胚种论仅仅说明了地球生命来自于星际空间，但不能告诉我们生命起源于宇宙中的何处。

第一个问题是：如果宇宙胚种论是正确的，那么生命的种子起源于何处？是起源于太阳系内的其他行星或其卫星，还是起源于银河系内的其他恒星与行星系统？如图 4-14 所示，我本人对这一问题也困惑良久，试图找到一种自洽的可能性。

图 4-14　我常思考这样一个问题：茫茫银河系，哪里才是地球生命的故乡？我将在第 5 章中给出自己的猜想（背景图片来源：Bruno Gilli/ESO）

第二个问题是胚种星际扩散的偶然性问题，如图 4-15 所示。相比于星际空间而言，恒星就如同在沙漠里撒下的几颗绿豆，它们之间的距离极其遥远。如果生命的种子在星际空间中的密度不高，那么到达某一行星的概率很低。但地球海洋刚刚形成的时候，胚种就到达了地球，这未免太过偶然。

图 4-15　胚种星际扩散的偶然性问题

很难想象，生命的种子在星际空间中的密度高到足以让其很快散布到某一恒星与行星系统中。事实上，人类开展空间实验多年，并没有捕捉到地外生命的蛛丝马迹。如果生命的种子在星际空间中的密度真的很高，那么它可以非常频繁地到访任一行星。若是如此，虽然不存在偶然性问题，但可能会引发生命形式多样性问题。

关于生命形式多样性问题，可以想象这样一个场景：在银河系中存在很多个向外扩散生命种子的源，而且在星系内的扩散程度非常彻底。若是如此，就会有很多不同起源的生命种子来到早期地球，造成地球生命千奇百怪、各式各样，如图 4-16 所示。但是地球生命共用一套遗传表达形式，有一个共同祖先。如此一来，地球生命的同源性和生命种子的多样性就出现了矛盾。

图 4-16　生命形式多样性问题示意图（背景图片来源：William Anders/NASA）

正是基于上述讨论，我提出了一种新的生命起源假说，这也是第 5 章要讨论的内容。

星云中继假说

化学起源说认为，生命在地球早期快速出现，但这里面有一个问题。如果生命起源的过程特别长，那么地球早期就没有给生命起源留下足够的时间。宇宙胚种论认为，生命的种子可能弥漫于整个星系之中，但这又可能带来生命形式多样性问题。现有的理论也许并不能完美地解释生命起源问题，那么有没有一个模型可以解释这些疑难问题呢？

面对生命起源这样难解的谜团，科学家通常会根据已知的科学原理和事实，提出一种带有猜测性质的理论框架或解决方案。基于这样的研究方法提出的模型，通常被称为**假说**（hypothesis），如图 5-1 所示。在未被科学实验证实之前，任何一个理论都是假说。

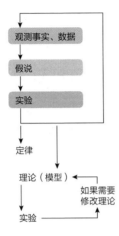

图 5-1　科学研究方法（图片来源：Hypothesis, Theories, and Laws. LibreTexts Chemistry. 2019）

　　针对同一难题，科学家通常会提出很多种假说，比如关于太阳和地球的相对运动就先后出现过地心说和日心说。这些相互竞争的假说不可能全都正确，这就需要设计实验来检验它们。假说在解释现象的同时，还要给出可供检验的理论预期，这些理论预期能否成立就是证实或者证伪这一假说的判定依据。所以说，提出假说只是解决问题的第一步，如何利用实验证实或者证伪才是关键。当然，已有的假说也可能全都通不过实验的检验。这时候，科学家会提出新的假说，设计新的验证实验。科学就是在这样的过程中不断取得突破的，我们对宇宙万物的理解也一层一层地迭代更新。

　　德国著名思想家、作家、科学家约翰·沃尔夫冈·冯·歌德（Johann Wolfgang von Goethe）曾说："幻想是诗人的翅膀，假说是科学的天梯。"保护与生俱来的好奇心和想象力，真的非常重要。

　　针对上述问题和研究思路，我提出了一个关于地球生命起源的假说——星云中继假说，如图 5-2 所示。这一假说可以解除我们前面提出的疑惑，同时明确给出可供检验的理论预期。本章难免有"老王卖瓜，自卖自夸"的嫌疑，望读者见谅。这个模型还只是一个假说和理论框架，很多细节尚不清晰，也还没有事实来支持和证明它。尽管如此，我认为提出这种可能性，并启发读者思考还是非常有意义的。我希望本章能对各位读者有所启发。

图 5-2　我发表的关于星云中继假说的两篇论文

5.1　星云中继假说概览

　　我们提出**第一个假设**：原始生命的起源所需的时间非常长，甚至长达数十亿年。如果这个假设正确，那么这一过程就不可能发生于早期的地球，我们也不倾向于它发生在银河系中的某一个神秘角落。那么生命究竟起源于何处呢？

纵观生命的进化和人类文明的进程，很容易发现一个规律，那就是越原始的阶段经历的时间越长。图 5-3 展示的是不同生命形态在地球上出现和延续的时间。从图中可知，从原核生物进化到真核生物，用了十几亿年；从真核单细胞生物进化到多细胞生物，又用了数亿年；从两栖动物进化到爬行动物，再从爬行动物进化到哺乳动物和鸟类所用的时间就短得多。

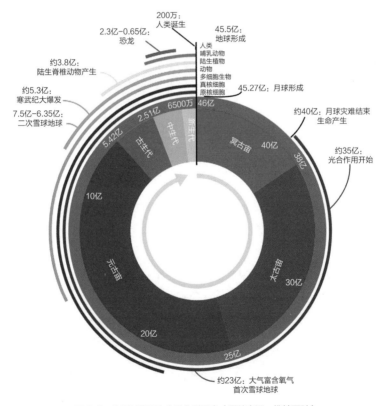

图 5-3　地质时代和生命进化对照盘（图片来源：维基百科）

　　人类文明的历史也有类似的特点。旧石器时代持续了百万年，而新石器时代只用了几千年就过渡到青铜时代。近代从利用化石能源到利用电能用了两百多年，而从电能时代到核能时代只用了几十年。

　　这些现象都暗示我们，越基础、越原始的阶段耗时越长。生命体的构造是如此精妙绝伦，功能实现过程是如此有序高效，我本人实在难以想象生命起源的过程可以在短时间内完成。如此说来，我们的假设也许有一定的真实性和可能性。如果生命起源用时过长，那么它就不可能发生于早期地球，因为地球生命出现的时间可能非常早，这部分内容见第 3 章的讨论。

　　太阳是宇宙中的第三代恒星，它形成于上一颗恒星死亡后超新星爆发形成的分子云。构成生命的化学元素，比如碳、氮、氧，形成于大质量恒星内部的核反应。这些化学元素在第一代恒星时期含量极少，可以忽略不计。它们最早出现在第二代恒星时期。因为太阳的前身恒星（以下称为前太阳恒星）是第二代恒星，所以太阳具备孕育生命的物质基础。

　　我们提出**第二个假设**：原始生命起源于前太阳恒星系统的行星上，在前太阳恒星死亡后弥漫于分子云中，并在其中生存和繁衍。前太阳恒星死亡后经历超新星爆发过程，形成叫作原太阳星云的分子云。原始生命可以在分子云中艰难地生存和繁衍，并在太阳系形成时被裹挟进太阳系内的行星、彗星等天体中，最终到达地球，开启了生命的地球时代。分子云在这个过程中起着接力棒的作用。正因为如此，我把这个模型叫作**星云中继假说**[①]。

　　根据星云中继假说，地球生命的演化过程如图 5-4 所示，可以分成三个阶段：原始生命在太阳的前身恒星系统中诞生；原始生命在原太阳星云中生存和繁衍；太阳系的形成与生命的地球时代。

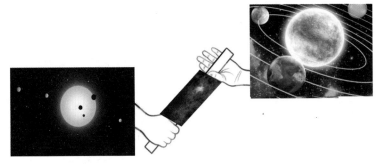

图 5-4　两个恒星系统通过分子云联系在一起，分子云就像是接力棒

5.1.1　第一阶段：原始生命在太阳的前身恒星系统中诞生

　　在这一阶段，原始生命通过复杂的物理化学过程，在前太阳恒星系统的行星上产生。这一过程类似于化学起源说，只是不发生于早期地球。我们现在其实很难准确地了解这个过程，因为那个恒星 –

① 冯磊 . 星云中继假说：星云中的原始生命和地球生命的起源 [J]. 天文学报 , 2021, 62(3):28.

行星系统已经在几十亿年前终结了。恒星通过超新星爆发变成了分子云，行星也被红巨星吞噬。

　　原始生命如何躲过红巨星和超新星爆发呢？这在理论上是可行的。行星大气中的微生物在高速星际尘埃的撞击下，会获得很高的速度，进而飞出行星的引力系统，如图5-5所示。对于这一过程，很多文献通过计算[①]论证过其可行性。在脱离行星引力之后，部分原始生命可能会通过太阳风或其他过程被吹到很远的地方。如果原始生命被包裹在彗星、陨石等一些天体中，那么它的生存概率会大大提高。这可能是原始生命从前太阳恒星的超新星爆发中幸存下来的原因。

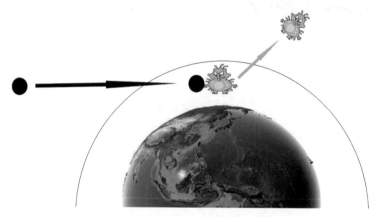

图 5-5　高速星际尘埃把大气中的微生物"撞"向太空

① Arjun Berera. Space Dust Collisions as a Planetary Escape Mechanism. Astrobiology, 2017, 1274–1282.

这里所说的原始生命不一定是指特定的物种，它也可以是具有相同起源并具有某些共同特征的生物的集合。一般来说，生物的结构越简单，环境适应性越强。我们认为原始生命具有非常简单的结构。而且，我们更倾向于原始生命满足 RNA 世界假说。这是因为，RNA 生物具有更简单的结构，并且避免了蛋白质和 DNA 的脆弱性。

我们不排除在第一纪存在更复杂的生物的可能性。但这种生物不适应分子云的恶劣环境，与地球生命无关。

5.1.2　第二阶段：原始生命在原太阳星云中生存和繁衍

前太阳恒星死亡后，原太阳星云形成，原始生命分布其中，并在极端恶劣的条件下奇迹般地幸存了下来。这些原始生命在分子云中的再生产，使得它们在太阳系诞生时具有足够大的密度。

分子云是一种星际云，主要由气体和尘埃组成。它的典型温度为几十开尔文，平均密度为每立方厘米 $10^2 \sim 10^4$ 个分子，其中氢分子是最主要的组成成分。此外，我们在分子云中还发现了多种有机化合物，如多环芳烃、富勒烯、乙醇醛等。乙醇醛是一种特殊的糖分子，在 RNA 的形成过程中起重要作用。这些有机化合物为原始生命的生存和繁衍提供了必要的物质。我们可以合理地假设，在原太阳星云中存在类似的成分。

现在的分子云中有没有原始生命呢？在星云中继假说的模型中，这种可能性是不能排除的。图 5-6 展示的是充满原始生命的分子云的艺术想象图。在分子云中搜寻生命存在的证据，也是证明这一模型正确性的一种方法。

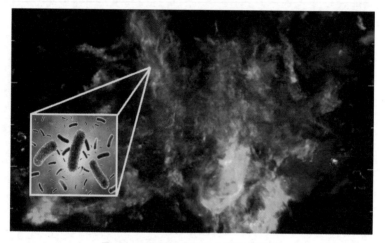

图 5-6 　充满原始生命的分子云的艺术想象图

在分子云的低温环境下，原始生命保持低生物活性，只需要少量的能量即可。关于分子云生命的能量来源，我们认为是宇宙射线，5.2 节将详细讨论分子云生命的生物能量学机制。宇宙射线来自外太空的带电高能亚原子粒子，银河系内的宇宙射线主要是超新星爆发产生的。宇宙射线的成分主要是质子，此外还有一些电子、正电子等。宇宙射线和介质中的粒子碰撞，会产生大量的次级粒子。这样一来，宇宙射线携带的巨大能量就分配给了大量的次级粒子。这种现象叫作**级联簇射**，或简称为簇射。图 5-7 展示了宇宙射线在大气中产生的簇射现象，分子云中的情形与此类似。通过簇射过程，对生物具有巨大威胁的高能宇宙射线变成了低能宇宙射线。这些低能宇宙射线中的带电粒子或者光子可能就是分子云生命的能量来源。

图 5-7　宇宙射线在大气中产生簇射现象，分子云中的情形与此类似（图片来源：NASA）

　　总之，我们相信原始生命是有可能在分子云中生存的。地球生命的祖先生活在分子云中，这可能是造成低温生物学中许多神奇现象的原因，也可能与当前生活中自由基的不可或缺性有关。

5.1.3　第三阶段：太阳系的形成与生命的地球时代

　　太阳系形成时，原始生命被包裹在形成于原太阳星云中的太阳系天体中。图 5-8 是原行星盘的艺术想象图。原始生命可能被包裹在所有条件适合的天体中，甚至在行星际空间中。这是因为，星际空间中可能本就有原始生命，而且裹挟在彗星中的原始生命在掠过太阳时可能被吹到星际空间中。

图 5-8　原行星盘的艺术想象图（图片来源：NASA）

地球刚形成时，环境特别恶劣，不适合生存，如图 5-9 所示。火山喷发非常频繁，原始地球可谓遍地熔岩。地表温度是如此之高，以至于没有液态水。原始生命可能在海洋形成之后被带到地球上。无论如何，它们中的一部分在到达地球后以最近普适共同祖先的身份活跃起来，开启了生命的地球进化之旅。在不适宜的环境中，一些原始生命可能变成了化石，或许我们可以在太阳系的现有行星及其卫星、矮行星、彗星和小行星上找到类似这样的化石。

图 5-9　原始地球的艺术想象图（图片来源：SwRI/Simone Marchi、Dan Durda）

　　如果在原太阳星云中形成了另一颗恒星，那么在其行星系统中（如果有的话）也应该可以找到原始生命及其后代。

5.2　分子云生命的生物能量学

　　生物的遗传和生命活性需要通过各种代谢途径进行能量转换。生物能量学这一学科关注生命系统的能量流动，包括能量的转换、三磷酸腺苷（ATP，生物体能直接利用的能量形式）分子的产生和利用等。生物体内的能量代谢本质上是将氧化还原反应释放的能量转换为生命可以利用的能量形式。地球生命的生物能量学过程是通过一系列被称为细胞呼吸的代谢反应和过程发生的，它分为有氧呼吸和无氧呼吸两种形式。

英国科学家彼得·米切尔（Peter Mitchell）在 1961 年提出化学渗透假说，他认为 ATP 的合成是由生物膜上的电化学梯度驱动的。电子在线粒体膜上通过一系列蛋白传送过程，把能量逐渐释放出来。释放的能量用于构建膜内外的质子浓度梯度。膜内外的电压差驱动分子马达高速转达，合成 ATP。如图 5-10 所示，质子浓度梯度由电子传递链作为质子泵来维持，而这一切所需的能量都来自于生命体内的氧化还原反应。对于绝大多数地球生命来说，化学能的最初源头是太阳能。

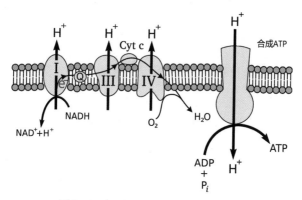

图 5-10　电子传递链（图片来源：维基百科）

分子云中的生命能否获得足够的能量？它们具有怎样的生物能量学机制？这些是本节要讨论的问题。相关论文在本书写作时尚未正式发表，仅收录于预印本文库[1]，如图 5-11 所示。我在文中讨

① FENG Lei. Nebula-Relay Hypothesis: Cosmic Ray-Driven Bioenergetics for Life in Molecular Clouds and the Origin of Chemiosmosis. arXiv: 2206.12816.

论了两种可能的机制：产甲烷反应和由宇宙射线驱动的生物能量学机制。我们发现产甲烷菌的化学反应释放了足够的自由能，但分子云中碳化合物的稀缺性是一个可能的限制因素。由宇宙射线电离氢分子驱动的机制意味着辐射危害成为生物能量的来源。在这种情况下，自然会产生大量质子，这可能是化学渗透作用的起源。

图 5-11　关于分子云生命的生物能量学机制的论文

5.2.1　分子云中产甲烷生命的生化反应

首先我们假设在分子云中存在类似于产甲烷菌的生命形式，然后计算它的生化反应过程释放的能量。地球上的产甲烷菌通过产甲烷作用（一种厌氧呼吸形式）维持其活动。产甲烷过程中的末端电子受体是二氧化碳，化学方程式如下：

$$CO_2 + 4H_2 = CH_4 + 2H_2O \tag{5.1}$$

但是由于分子云中的二氧化碳主要以固态形式而不是气态形式存在，因此我们不在本节中讨论此氧化还原反应过程。

分子云中的主要分子是氢分子, 约占 70%。它也是其他分子的主要碰撞目标。分子云中第二丰富的分子是一氧化碳分子, 化学方程式 (5.2) 展示了类产甲烷生物可能的能量来源:

$$CO + 3H_2 = CH_4 + H_2O \qquad (5.2)$$

此外, 我们还考虑了一些研究土卫六甲烷生命的文献给出的化学反应, 如下所示。

$$C_2H_2 + 3H_2 = 2CH_4 \qquad (5.3)$$

在分子云环境下, 氢分子和一氧化碳、甲烷反应后释放的吉布斯自由能 (表示热力系统可以做出多少非体积功的物理量) 如图 5-12 所示。从图中可以看出, 一氧化碳 (CO) 和乙炔 (C_2H_2) 的加氢释放能量分别约为 200 千焦 / 摩尔和 370 千焦 / 摩尔。吉布斯自由能的负值意味着它是释放能量的自发化学反应。

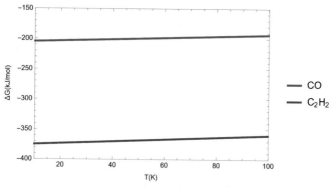

图 5-12 甲烷合成释放的吉布斯自由能

维持地球上产甲烷菌生长的最低能量约为 42 千焦 / 摩尔，我
们在此讨论的两种产甲烷反应释放的吉布斯自由能在量上是可以接
受的。不过乙炔在分子云中的密度非常小，可能无法提供足够的能
量。虽然一氧化碳的密度相对较大，但能否提供足够的能量也值得
怀疑。除非这些碳化合物能在分子云生命的细胞中得到富集，并能
长期保持，否则生命活动对碳化合物的消耗可能会影响这些分子的
分布。这是分子云生命的可能信号。

5.2.2 由宇宙射线电离氢分子驱动的生物能量学机制
与化学渗透假说的起源

鉴于分子云中碳化合物的浓度较低，可能无法提供足够的自由
能，我们又提出另一种生物能量学机制，即电子传递链是由宇宙射
线电离氢分子驱动的。

分子云的典型温度为 10 开尔文 ~ 20 开尔文，开尔文是一种
温度单位（简写为 K）。它与摄氏度的换算关系是：开尔文温度减
去 273.15 得到的就是摄氏度，比如 100 开尔文就是 -173.15 摄氏
度。分子云的平均密度为每立方厘米 10^2 ~ 10^4 个分子，其中主要
是氢分子。虽然氢的熔点和沸点分别为 13.99 开尔文和 20.27 开尔
文，但因为分子云中的气压非常低，所以氢表现为气相。氢分子如
果在细胞中富集后压强随之增大，氢在分子云中的细胞可能会保持

液态。类似于地球上细胞的液态水环境，液态氢细胞环境对其中的生化反应非常有利。

宇宙射线既是分子云的电离源，又是热源，在星际介质的化学过程和动力学过程中起着关键作用。在分子云中，氢的电离主要有如下过程：

$$CR + H_2 \rightarrow CR + H_2^+ + e \tag{5.4}$$

$$CR + H_2 \rightarrow CR + H + H^+ + e \tag{5.5}$$

$$CR + H_2 \rightarrow CR + 2H^+ + 2e \tag{5.6}$$

其中 CR 代表带电宇宙射线粒子，如质子、重核、电子、正电子等。上述第一个反应过程具有最大的横截面，对氢的电离贡献最大。X 射线和伽马射线等高能光子也可以通过光电效应将电子从氢分子中"击打"出来，从而产生自由电子，这也可以作为分子云生命的能量来源。H_2^+ 离子迅速地与氢分子发生如下反应，生成 H_3^+ 粒子和氢原子：

$$H_2^+ + H_2 \rightarrow H_3^+ + H \tag{5.7}$$

H_3^+ 粒子通过和分子云中的中性分子发生如下质子转移反应而被消耗：

$$H_3^+ + X \rightarrow HX^+ + H_2 \tag{5.8}$$

其中 X 是中性分子，比如 CO、H_2O、N_2 等。H_2^+ 离子与碳化合物反应的产物可能对有机分子合成具有重要意义，并为分子云生命提供有机物基础。我们从上述讨论中可以发现，氢原子是由宇宙射线电离及后续过程自然产生的，它可以进一步被宇宙射线电离或通过如下反应生成氢分子：

$$H + H \rightarrow H_2 \tag{5.9}$$

总体来说，分子云生命的细胞液是氢分子、氢原子和质子的混合物。

　　能量非常高的宇宙射线粒子直接电离氢分子产生的电子能量也较高，不能直接参与电子传递链的能量转换。这些电子会继续电离周围的氢分子和氢原子，自身能量和新产生的电子能量都有所降低，同时增加了电子和质子的数量。电离过程直到电子能量适合电子传递链才结束。次级电离过程最大限度地提高了宇宙射线能量的利用效率，同时降低了高能粒子辐射对生命大分子的损害，可谓一举两得。和地球上的生物一样，电子在输运过程中缓慢释放能量并驱动质子电化学梯度的形成，最终实现 ATP 合成。在电子传递链的末端，电子与 H^+ 结合再生为氢原子。在这一过程中，氢同时充当电子的供体和受体两个角色，如图 5-13 所示。分子云中占比最大的是氢分子，在化学反应和电子传递链中产生大量的氢原子和质子。鉴于分子云中有机化合物的稀缺性，生命自然发展出利用质子浓度梯度来驱动产生生命可利用的能量形式可能是比较自然的。这一机制可能是化学渗透假说的起源。

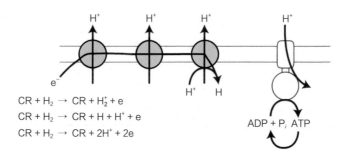

$$CR + H_2 \rightarrow CR + H_2^+ + e$$
$$CR + H_2 \rightarrow CR + H + H^+ + e$$
$$CR + H_2 \rightarrow CR + 2H^+ + 2e$$

图 5-13　宇宙射线电离氢分子驱动的电子传递链示意图

　　宇宙射线的部分能量被分子云生命转换和利用，这或多或少会影响宇宙射线的能谱，但具体的影响取决于分子云生命的密度和能量利用效率。此外，影响宇宙射线能谱的因素还有很多，如传播参数、原初宇宙射线的流量、分子云的密度和分布等。因此，将生命的影响与众多影响因素区分开来可能在技术上颇具挑战性。

　　我们提出的由宇宙射线驱动的生物能量学机制本质上是如下可逆的氧化还原反应：

$$H_2 = 2H^+ + 2e^- \tag{5.10}$$

地球上也存在利用周围环境中的氢气发生上述化学反应来获取能量的微生物，它们在本质上是相同的。代谢氢的能力似乎是地球生命与生俱来的。举例来说，超过 30% 的已知基因组的微生物种群具有氢化酶基因[1]。人类微生物组计划中列出的70%的胃肠道微生物物种

---

[1] J. W. Peters et al. [FeFe]- and [NiFe]-hydrogenase Diversity, Mechanism, and Maturation. Biochimica et Biophysica Acta (BBA) - Molecular Cell Research. 1853(6): 1350–69.

编码了代谢氢分子的遗传能力[①]。如果地球的大气层最初富含氢，那么生命进化出利用氢化酶代谢氢分子产生能量的机制是非常自然的。

星云中继假说认为，地球生命的共同祖先来自原太阳星云。考虑到分子云生命依靠宇宙射线电离氢分子来获得能量，那么地球生命的共同祖先就是能代谢氢分子的生物。事实上，通过研究近 2000 个现代微生物的基因组，科学家已经找到了证据，表明最近普适共同祖先可能是一种嗜热、代谢氢的微生物[②]。我们从完全不相关的假设出发，引入的星云中继假说和生物能量学机制，与这些研究成果非常一致。这可能暗示，星云中继假说的模型有一定的合理性。

检验这种生物能量学机制并不容易。我们可以通过把和最近普适共同祖先的亲缘关系最近的微生物放入高能粒子辐照的液氢中来模拟分子云生命的生存环境，从而研究其生存能力和分子生物学过程。如果能找到一些蛛丝马迹，那么分子云中存在生命的可能性就会大大提高，对星云中继假说也是一种支持。

5.3　分子云中的生物分子手征性

氨基酸分左手型和右手型，米勒-尤里实验中产生的氨基酸左右手型各一半。但在星云中，由于光的偏振效应，产生的左手型

---

① P. G. Wolf et al. Gaskins HR. H_2 Metabolism Is Widespread and Diverse among Human Colonic Microbes. Gut Microbes. 7(3):235–45.

② Weiss, M., Sousa, F., Mrnjavac, N. et al. The Physiology and Habitat of the Last Universal Common Ancestor. Nat Microbiol 1, 16116 (2016).

（L 型）氨基酸可能略多于右手型（D 型）氨基酸。另外，假设同手征的氨基酸更容易生成肽链（也就是说，化学反应过程中会释放更多的热量），那么我们就可以计算在星云环境中生成纯手征性聚合物的概率[①]。我们的计算方法来自于内蒙古大学罗辽复教授的著作《生命进化的物理观》。

对于分子云的温度，我们取 10 开尔文～ 50 开尔文。在分子云中，不同区域的温度有显著差异。有些研究指出，具有 H II 区域的分子云的温度为 15 开尔文～ 100 开尔文，甚至更高。我们对每个温度分别做计算，并给出最终结果。

我们的计算结果表明，手征性聚合物可以在超低温分子云环境中自然产生。聚合物链中，L 型单体的概率如图 5-14 所示，其中 f_L 表示左手型氨基酸在肽链中所占的比例。$f_L = 1$ 表示生成的链是纯 L 型的。f_L 的变化用颜色表示，图中的红色表示比例接近于 1 的区域，蓝色则相反。从图中不难看出，纯 L 型单体的概率依赖于温度和初始极化度的大小。在低温下（$T < 25$ 开尔文），L 型单体和 D 型单体之间的微小偏差（10^{-6}）可以诱导产生纯 L 型链，这与罗辽复教授的结果是一致的。当初始极化度 $\eta \approx 10^{-2}$ 时，低于 100 开尔文的温度都是合适的。这样的结果，在物理上其实是很自然的。温度越低，分子热运动就越弱，对分子键合的影响也越小，体系也更倾向于演化到能量最低的状态（也就是纯 L 型链的状态）。

---

① FENG Lei. Nebula-Relay Hypothesis: The Chirality of Biological Molecules in Molecular Clouds. Front. Astron. Space Sci. 2022, 9:794067.

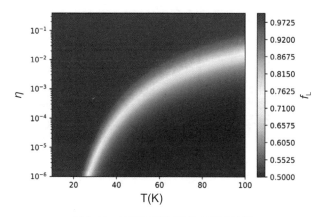

图 5-14　左手型氨基酸在肽链中所占的比例

　　而且在低温环境下，纯 L 型链可以更长，如图 5-15 所示。图中的横轴表示温度，颜色表示纯 L 型链的长度。从图中可以看出，纯 L 型链的最大长度在 T > 80 开尔文时小于 100。随着温度的降低，纯 L 型链的最大长度会快速变大。在太阳系形成过程中，恒星形成区的温度升高，但在远离该区域的地方，温度仍然较低。而且，此时左旋生物系统已经形成，温度变化不再影响生物分子的手征性。

　　我们在计算过程中没有考虑聚合链的光解效应。将氨基酸组合成肽链本质上是一种放热反应，纯手征分子之间的反应释放更多热量。因此，在光解 / 辐射分解过程中，需要更多的能量来分解纯手征分子的键，而 L-D 化学键更容易分解。因此，考虑光解效应将进一步提高纯 L 型链的生成概率。

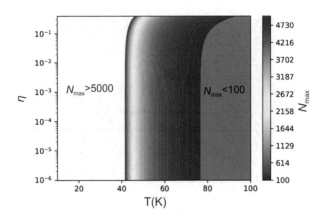

图 5-15　纯 L 型链的最大长度与模型参数的依赖关系

从上述计算可以看出，分子云的低温环境有利于纯左手型氨基酸链的生成。这可能算是星云中继假说的一个优点。

5.4　关于星云中继假说的一点讨论

5.4.1　和宇宙胚种论的异同

与宇宙胚种论一样，星云中继假说也认为生命来自宇宙空间。从这个意义上说，这个模型也算是一种宇宙胚种论，但它有自己的特点。普通的宇宙胚种论认为，生命起源于其他星球，并通过某种空间转移机制转移到地球上。星云中继假说则认为生命起源于太阳系本地，只不过发生于前太阳时期并在原太阳星云中演化了数十亿年，直到太阳系形成。因此，我们也将这个模型称为**局域胚种论**。换句话说，这个模型清楚地表明了原始生命的起源地，而这在普通的宇宙胚种论中是没有的。

普通的宇宙胚种论认为，地球生命种子的载体是一次性的，我们现在无从寻找。即使现在类似的载具将新的种子带入太阳系，它也与地球生命的起源无关。但是星云中继假说认为，太阳系中的所有天体都可以成为种子的载体，我们今天仍然可以寻找这些原始生命的踪迹。

5.4.2　模型预言和地外生命

直接在原太阳星云中寻找生命活动的痕迹在某种意义上是不可能的。但是，这种原始生物或 / 及其后代在太阳系中是普遍存在的。我们可以在原太阳星云形成的天体中寻找原始生物的后代或化石。这些天体就是太阳系中的所有天体（行星及其卫星、小行星、彗星和陨石等）。

科学家研究了三颗原始陨石[①]，这些陨石的年龄被认为超过 45 亿岁。这些古老的陨石来自于在原太阳星云中形成的原行星盘。科学家发现，这些陨石中含有核糖，这是构建 RNA 的重要组成部分。因此，我们怀疑核糖是原太阳星云中 RNA 生物的残余物。

① Yoshihiro Furukawa et al. Extraterrestrial Ribose and Other Sugars in Primitive Meteorites. PNAS, 2019, 116: 24440.

　　检验这个模型最理想的天体是木星的卫星：木卫二。它厚厚的冰盖下有地下海洋，可以提供生命所需的环境和能量。木卫二表层厚厚的冰盖阻挡了来自太阳系其他行星或银河系其他行星系统的种子的持续输入。如果我们的模型正确，那么木卫二形成的时候，也把最近普适共同祖先裹挟了进去，有和地球生命同源的生命形式。如果在木卫二上发现类似的 DNA/RNA/蛋白质生命形式，这将为我们的模型提供潜在证据。如果不是，这对我们的模型来说是一个巨大的挑战。

　　在我们的模型中，原始生命可以在分子云环境中生存。也许，生命也出现在当前分子云的前身恒星系统中。因此，当前的分子云中可能存在原始生命。若是如此，这便是该模型的确凿证据。也许可以通过搜索分子云中的生物标志物分子，借以搜寻其中可能的生命迹象。

5.4.3　小结

　　在本章中，我们为生命起源引入了一个新的假说：星云中继假说，也称为局域胚种论。在我们的模型中，原始生命形成于前太阳纪并扩散到原太阳星云中。随着太阳系的诞生，这些原始生命被强制进入了产生的天体之中。地球生命的旅程是一个充满不确定性的伟大奇迹，它的演化历史如图 5-16 所示。

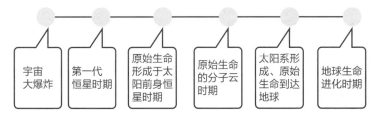

图 5-16　地球生命的演化历史

与以前的模型相比，我们的模型具有一些优势。它避免了其他模型可能面临的一些问题。应该指出的是，我们的模型给出了明确的理论预期，可以被后续的空间探测项目证实或证伪。

星云中继假说还只是关于地球生命起源的框架或路线图，有太多细节尚不清楚。尽管如此，指出这种理论上的可能性，无论如何都是有价值的。

如果分子云中真的有生命存在，那么我们对分子云生化过程和生物能量学过程的一系列研究，将宣告新的天体生物学研究分支诞生，即分子云生物学。

第 6 章

搜寻地外生命

人类对于生命的起源和地外生命，特别是地外高等生命或者说外星人，具有强烈的好奇心和长久的兴趣。

地球上能进化出如此辉煌灿烂、多姿多彩的生命体系，是偶然的还是必然的？我们在宇宙中孤单吗？太阳系、银河系内有许多行星、小行星和行星的卫星，有的是和地球类似的岩石行星。在这些星球上有生命吗？地外生命长什么样？我们能和地外生命交流吗？这一系列问题是如此令人着迷，无疑是很多人感兴趣的话题。

搜寻地外文明计划（Search for ExtraTerrestrial Intelligence，SETI）是对从事搜寻地外文明的科学团体和研究机构的统称。它的研究内容非常广泛，包括利用无线电和光学望远镜搜索地外智慧生命发出的信号，巡视和着陆探测太阳系内的其他天体，搜寻宜居行星等。随着科技的进步，人类也从单纯的幻想走向了实际行动。为了这个目标，人类登陆了月球，人造探测器也登陆了火星、小行星和彗星。美国发射的"旅行者号"飞船已经携带着人类的信息踏上漫漫征途，飞向了广袤的宇宙深处。

2015 年，俄罗斯大富豪尤里·米尔纳（Yuri Milner）等创立"突破创新"项目。这一雄心勃勃的项目计划在上述探索领域投入数亿美元的资金，开展"突破聆听""突破摄星""突破观察""突破信息"等项目的研究。这一计划旨在搜寻地外智慧生命，揭示关于生命的基本问题：我们在宇宙中孤单吗？

6.1　电磁波信号

人类利用射电波段的电磁波进行通信已有 100 多年了。科学家自然猜想外星文明可能也会采用类似的技术进行通信，甚至可能会有意识地向外发送他们自己的信息。事实上，人类自从具备了这种宣示自己存在的能力后，就迫不及待地把地球的"核心机密"向外太空发送了。1974 年 11 月 16 日，美国科学家通过"阿雷西博信息"计划向距离地球 2.5 万光年的球状星团 M13 发送了无线电信息。这些信息包括地球生命的化学组成（核苷酸、DNA 等）、太阳及其行星的相对关系，以及数字化的人体图像等，如图 6-1 所示。

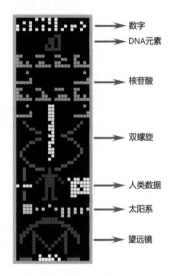

数字

DNA元素

核苷酸

双螺旋

人类数据

太阳系

望远镜

图 6-1　阿雷西博信息，颜色仅用作分类 [图片来源：Arne Nordmann（norro）]

"银河系灯塔"计划是"阿雷西博信息"计划的升级和强化版本。这一中美合作的计划准备利用中国的"天眼"射电望远镜和美国加州地外文明搜索研究所的艾伦望远镜阵列发送信息。这次要发送的信息是前述版本的加强版，甚至还包含希望收到信息的智慧生命做出回应的"邀请函"和联络频道，如图 6-2 所示。当然，也有科学家对此计划表达过一定程度的担忧。作为信奉"宇宙黑暗森林法则"的人，我同样认为还是要慎重一些。

康奈尔大学的物理学家菲利普·莫里森（Philip Morrison）和朱塞佩·科科尼（Giuseppe Cocconi）在 1959 年发表的一篇论文中推测，任何通过无线电信号进行通信的外星文明都可能使用 1420兆赫兹（波长为 21 厘米的电磁波）的频率进行通信。这是因为该频率是由宇宙中最常见的氢气自然发射的，所有技术先进的文明应该都会对这一频率极为熟悉。自此之后，这一频率的射电辐射探测就成了寻找外星人的一个重要手段。有趣的是，脉冲星的射电脉冲信号最开始被认为是外星人发出的信号。

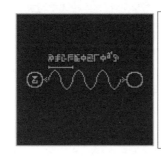

图 6-2　"银河系灯塔"计划准备发给潜在外星智慧生命的"邀请函"和联络频道（图片来源：Jonathan Jiang et al., arXiv:2203.04288 ）

科学家利用射电望远镜对邻近太阳系的生物标志信号开展了很多搜索研究，比较著名的有"奥兹玛"计划和"多萝西"计划。这两个观测计划对太阳系附近的恒星——波江座的天苑四和鲸鱼座的天仓五——开展了持续的扫描观测。

此外，比较著名的是美国俄亥俄州立大学射电天文台（绰号"大耳朵"）开展的地外文明搜寻项目。1977 年夏的某一天，天文学家杰瑞·R. 埃曼（Jerry R. Ehman）在望远镜记录的数据中发现信号强度读数为"6EQUJ5"的异常信号。这串字符代表一个强度由低到高再下降的窄带信号，可能是望远镜扫过一个特定的天区时接收到的射电信号，而非背景噪声。这一异常信号是如此令他兴奋，以至于他在旁边写下了大大的"Wow!"，这就是著名的"哇！"信号，如图6-3所示。这一信号持续了72秒，但此后这一信号就再也没有被接收到，关于这一信号的来源也就成了一个"悬案"。尽管如此，它仍然是目前为止最有可能来自地外智慧生命的射电信号。

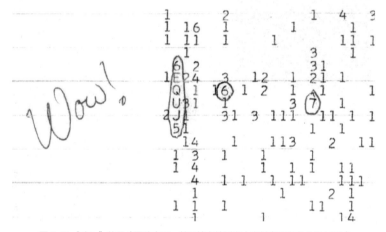

图6-3 "哇！"信号（图片来源：美国俄亥俄州立大学射电天文台/NAAPO）

坐落在我国贵州省的"天眼"射电望远镜是世界上最大的单体望远镜，它的口径达500米，如图6-4所示。"天眼"坐落在贵州山区的大窝凼中，是现代科技和大自然的完美结合。"天眼"是世界上单口径最大、最灵敏的射电望远镜，其性能远高于世界同类型望远镜。性能如此强大的射电望远镜，理应在搜寻地外文明计划中有所作为。事实也是如此，中国科学院国家天文台与"突破计划"签署了合作意向，开展探寻地外智慧生命的合作研究，前述的"银河系灯塔"就是其中的一个潜在合作计划。

图 6-4　"天眼"射电望远镜（图片来源：中国科学院国家天文台官网）

6.2　陨石

在陨石中搜寻生命的痕迹主要集中在两个方面：微化石的搜寻和陨石母体行星是否具有宜居环境。尽管我们已经发现了非常多的陨石，但在陨石中搜寻生命还主要集中在火星陨石上。

最出名的例子是火星陨石 ALH84001（见图 6-5），美国科学家曾在其中发现疑似的火星生命微化石。这颗陨石在 1.3 万年前被地球引力俘获并坠落在南极洲，于 1984 年 12 月 27 日重见天日。

1996 年，NASA 科学家戴维·S. 麦凯（David S. McKay）及其团队在《科学》杂志上发表论文，宣称在这颗陨石上发现疑似火星生命的遗迹。该发现一经公布就立刻引爆公众的热情，以至于时任美国总统克林顿还专门开了发布会。但在此之后，陆续有科学家发文指出此项研究的不周密之处，现在科学界普遍认为麦凯团队发现的不是火星生命。

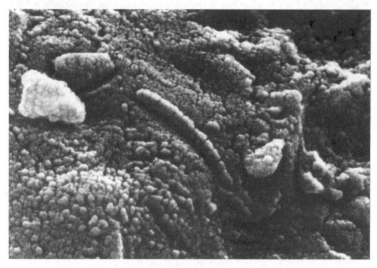

图 6-5   在火星陨石 ALH84001 中发现的疑似火星细菌化石的微观结构（图片来源：NASA）

中国科学院地质与地球物理研究所林杨挺研究员领导的研究团队利用激光拉曼谱仪和纳米离子探针，对 2011 年坠落在摩洛哥沙漠的 Tissint 火星陨石（见图 6-6），系统地开展了精细分析测试与研究。他们发现火星陨石中存在碳颗粒，并且具有典型生物成因特征的富轻的碳同位素成分。此外，匈牙利科学家伊尔迪科·格约莱（Ildikó Gyollai）等在另一颗陨石（ALH77005）中发现了可能存在火星生命的线索。他们推测这颗火星陨石中过去存在铁细菌，这与早期的火星环境相吻合。但所有的这些研究都有很多争议，难以在学术界取得一致意见。

图 6-6　Tissint 火星陨石（图片来源：维基百科）

6.3　火星

火星是太阳系中仅次于水星的第二小的行星，为太阳系中的四颗类地行星之一。古人称它为荧惑，因其荧荧如火，位置和亮度时常变动，让人难以捉摸。火星是夜空中最亮的星之一，其亮度比月亮和金星暗，比一些恒星亮得多，是非常容易观测的。火星的直径约为地球的一半，绕太阳一周约为 687 天。火星的大气层比较稀薄，以二氧化碳为主，温度比地球要低，平均气温约为零下 55 摄氏度。如图 6-7 所示，火星在视觉上呈现为橘红色，这是因为火星地表遍布氧化铁。

图 6-7　火星可见光波段照片（图片来源：ESA & MPS）

火星处于宜居带，温度适宜生命生存，所以人们很早就猜测火星上可能存在生命。但当探测器登陆火星之后，人们才发现它是被

沙漠覆盖的行星，其地表遍布沙丘、砾石、陨石等，也没有地球上
那样的液态水体，更没有生命，如图 6-8 所示。

图 6-8　荒凉的火星表面，图片由"祝融号"火星车拍摄（图片来源：中国国家航天局）

2018 年 6 月 7 日，NASA 宣布火星探测器"好奇号"发现了
埋藏在火星沉积物中的有机分子。对于这些有机物的来源，现在还
没有确切的答案，科学家猜测这可能是远古火星生命遗留下来的，
也可能来自坠入火星的陨石或彗星。NASA 正在火星上执行探测任

务的"毅力号"火星车最重要的科学目标就是寻找火星上存在或曾经存在生命的迹象。

2020 年 7 月 23 日 12 时 41 分，我国第一颗火星探测器"天问一号"由长征五号遥四运载火箭从海南文昌航天发射场成功发射。2021 年 5 月 15 日上午 7 时 18 分，"祝融号"火星车在火星乌托邦平原南部预选着陆区成功着陆，如图 6-9 所示。我国成为继美国后第二个成功将巡视器着陆在火星表面的国家。

图 6-9 "祝融号"火星车"着巡合影"图（图片来源：中国国家航天局）

"祝融号"火星车由中国空间技术研究院研制，设计寿命为 90 个火星日。它重达 240 千克，携带有导航与地形相机、火星车次表层探测雷达、火星表面磁场探测仪、火星气象测量仪、火星表面成分探测仪、多光谱相机等共 6 台科学载荷。作为我国第一台成功着陆的火星车，它肩负着火星巡视区的形貌和地质构造探测、土壤结构（剖面）探测和水冰探查、表面元素及矿物 / 岩石类型探测和大气物理特征与表面环境探测等研究课题。

6.3.1 火星的湖泊

火星在早期可能是有水存在的，科学家曾经在火星的照片中识别出河道和被水冲刷的河床之类的结构。欧洲航天局的"火星快车号"探测器在 2019 年发现火星地下在 35 亿年前曾存在遍及火星的远古湖泊系统，其中 5 个湖泊内可能含有对生命至关重要的矿物质。科学家还发现火星的很多区域存在浅层地下冰，其中两极的储量最大。这些信息提示，火星在早期可能曾经有过生命存在。

2018 年，欧洲航天局宣布在火星南极冰层下面发现了一个液态地下湖，如图 6-10 所示。该消息瞬间引爆了公众关于火星生命和火星移民的讨论。意大利宇航局通过分析"火星快车号"探测器的数据，发现地下湖位于地下 1.6 千米处，直径达 20 千米。这是首次在火星上发现液态水，意义非常重大。需要指出的是，这些湖水是不能直接饮用的，因为它的咸度是如此之高，以至于在零下 60 多摄氏度仍然保持液态。2020 年 9 月，科学家又在火星南极地区的冰层下发现多个大型咸水湖。

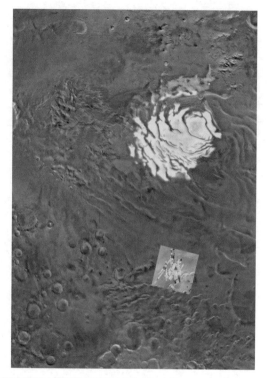

图 6-10　白色区域就是火星南极的地下湖（图片来源：USGS Astrogeology Science Center/ Arizona State University/INAF）

　　2022 年 5 月 12 日，中国科学院国家空间科学中心刘洋研究员及其团队宣布："利用'祝融号'火星车获取的数据，在地质年代较年轻的'祝融号'着陆区发现了水活动迹象。这表明火星上该区域可能含有大量以含水矿物形式存在的可利用水。"这一发现进一步证实火星上存在可利用的水，可为后续的载人登陆火星提供物质基础。

6.3.2　生物标志物与火星甲烷分子

通俗地说，生物标志物就是生物活动产生的、可以标志生命存在的特异分子。我们以甲烷为例来解释生物标志物。地球大气中和地表之下都存在甲烷气体，但是地下的甲烷被岩石圈封锁于地下，是天然气的主要组成成分。由于太阳的紫外线辐射及与其他气体的化学反应，甲烷在空间中存留的时间较短，约为 10 年。如果没有持续的补充，大气中不会有甲烷。但是地球大气中有微量的甲烷分子，密度约为 1889 ppb（ppb 代表十亿分之一）。很多生命过程会产生甲烷，比如牛的消化过程会产生甲烷并以"打嗝""放屁"等方式排放到大气中；厌氧的甲烷细菌在代谢过程中也会产生大量的甲烷。尽管少量的甲烷可以通过地质活动"冒出"地面，但空气中的大部分甲烷是地球生命活动产生的（工业化之前更是如此）。所以说，甲烷分子是一种非常理想的生物标志物分子，类似的分子还有磷化氢等。

欧洲航天局的"火星快车号"首先宣称在火星上探测到了甲烷气体，但其探测到的甲烷浓度较低，接近探测器的灵敏度极限，因此争议较大。更先进的气体跟踪轨道器（ExoMars 计划）却没有在火星大气中探测到甲烷分子。

NASA 的"好奇号"对火星大气中甲烷的探测更传奇、更曲折，也更有意思。"好奇号"团队在 2012 年和 2013 年的报告中都宣称没有探测到甲烷，但 2014 年的报告显示，"好奇号"火星车在 2013 年末和 2014 年初检测到其周围大气层中的甲烷含量增加了 10 倍。这意味着火星正在间歇性地从未知来源产生或释放甲烷。这些甲烷是怎么来的呢？对此，大体来说有两种模型：火星地表之下的水和岩石之间的化学作用，以及厌氧生命活动，如图 6-11 所示。2018 年 6 月 7 日，美国科学家在《科学》杂志上发表论文，宣布发现火星大气中的甲烷季节性变化。他们发现火星火山口中的甲烷气体含量在夏季较高，而在冬季则较低。如果该结果是正确的，那么毫无疑问暗示火星生命可能存在。

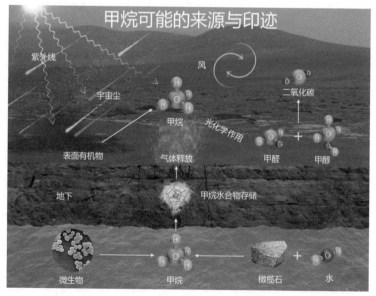

图 6-11　火星甲烷产生机制和分解过程（图片来源：NASA/JPL-Caltech/SAM-GSFC/ Univ. of Michigan）

由于不同探测器在火星各地开展探测的结果不尽相同，甚至相互矛盾，因此对火星甲烷是否存在的争论仍将持续一段时间。火星甲烷的发现既可能是空欢喜一场，也可能是普通的自然现象，抑或是火星生命的迹象这样举世震惊的发现。我们只需静静等待，时间会告诉我们答案。

6.4　金星

金星的自然环境非常恶劣，有些像神话中的地狱。金星的天空是橙黄色的，它的大气成分主要是二氧化碳，还有少量的氮气等其他气体。由于距离太阳较近，并且存在大量二氧化碳等温室气体，因此金星的温度高达几百摄氏度。此外，金星大气的压强是地球的90多倍，还弥漫着几十千米厚的浓硫酸云。

如图 6-12 所示，虽然金星现在的地表环境非常残酷，但它原本的样貌并非如此。在温室效应失控导致其丧失液态水前，金星上可能是存在液态水的。对金星保有液态水的时间，不同研究给出的结论千差万别。有的科学家认为金星存在地表水且宜居的时间只有几百万年，但有的科学家认为这一时间可长达 30 亿年，直到 7 亿 ~ 7.5 亿年前才消失[①]。如果宜居时间如此长久，那么无论哪种生命起

①　Michael J. Way, Anthony Del Genio. A View to the Possible Habitability of Ancient Venus over Three Billion Years. EPSC Abstracts 13, EPSC-DPS2019-1846-1, 2019.

源模型都支持金星上曾有生命存在这一可能性。

图 6-12　金星照片（图片来源: NASA/JPL-Caltech）

2020 年 9 月，发表在《自然·天文学》杂志上的一篇题为 "Phosphine Gas in the Cloud Decks of Venus"（金星云层中的磷化氢气体）的论文，像一块投进池塘的小石子，瞬间激起千层浪，引发了科学界和公众广泛而热烈的讨论。其实，科学家并没有直接观察到金星生命，而是疑似观测到了一种被称为磷化氢的生物标志物，如图 6-13 所示。

磷化氢是厌氧生物的代谢产物，也是一种生物标志物。地球大气中也有磷化氢分子，但此次发现的金星磷化氢的密度比地球的还要大很多。这些磷化氢分子存在于距离金星表面几十千米的高空中，如此海拔的金星大气温度和气压与地球大气相差不大。如果磷化氢是金星上的厌氧生物产生的，那么这些厌氧生物应该悬浮在距离金星表面几十千米且适合生命存在的温和区域之中。但是，磷化氢的存在并不表明金星上一定存在厌氧生物，因为它也可能是由我们未知的某些化学反应过程产生的。这篇论文发表后受到了很多质疑，主要集中在数据的处理方法等方面。因此，金星生命是否存在，还需要进一步研究。

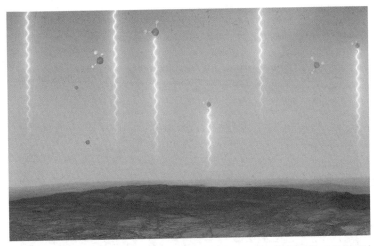

图 6-13 飘浮在金星大气中的磷化氢分子（图片来源：ESO/M. KORNMESSER/L. CALÇADA）

6.5 木卫二

在木星的所有卫星中，木卫二按质量排名第四，比月球略小，如图 6-14 所示。木卫二主要由硅酸盐岩石构成，表面非常寒冷，覆盖着数千米厚的冰层。"伽利略号"探测器的数据表明，木卫二的冰层下有100千米深的液态海洋，其中富含与地球海洋中类似的离子，如镁离子、钠离子、钾离子和氯离子等。木卫二的内部热量释放可能是冰下海洋得以存在的原因，这同时可以为生命活动提供必不可少的能量。由于和地球海洋有诸多相似之处，现在人们普遍认为冰下海洋中是可能存在生命的。此外，一些初步的证据表明，在木卫二厚厚的冰壳下还有一些液态湖泊。如果属实，这些湖泊也可能是生命潜在的栖息地。

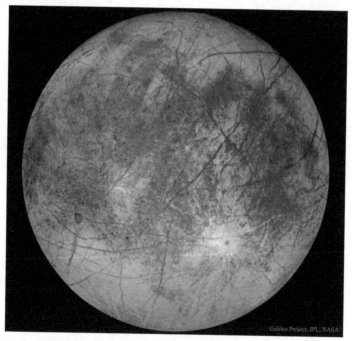

图6-14 "伽利略号"探测器拍摄的木卫二照片（图片来源：NASA/JPL/Galileo Project）

　　此外，木卫二表面存在镁化合物，这表明来自冰下海洋的水
通过泉水或喷口到达地表，如图 6-15 所示。如此说来，冰下海洋
中的微生物可能被带到冰层表面，非常利于探测器直接探测。上
述特性使得木卫二成为寻找地外生命的理想场所，甚至比火星还
理想。

图 6-15　木卫二冰下海洋中的液态水系统（图片来源：NASA/JPL/Galileo Project）

　　如果在土卫二的冰下海洋中发现和地球生命同源的生命，那么
这将有力地支持我提出的星云中继假说。根据化学起源说，在太阳
系形成早期，地球的环境和土卫二的完全不同，我们很难相信两者
会独立产生高度同源的生命形式。在宇宙胚种论中，生命的种子随
机到达各个星球，而且到达土卫二的种子会被阻隔在冰层之上，难

以到达冰下海洋，也就不太可能形成和地球同源的生命形态。因此，对木卫二生命的探测可以帮助我们解开生命起源之谜。

NASA 将于 2024 年发射"欧罗巴快帆"（Europa Clipper），通过环木星轨道上的一系列飞掠来观测和研究木卫二，如图 6-16 所示。NASA 计划利用三年时间对 95% 的木卫二表面进行高分辨率拍照。基于这些数据，科学家就可以为后续的着陆器选择最佳的着陆地点。登陆探测可以帮我们厘清木卫二上是否存在生命，以及可能存在什么形式的生命。"欧罗巴快帆"及后续的探测器会获得什么样的发现？能否找到地外生命？让我们拭目以待。

图 6-16 "欧罗巴快帆"艺术想象图（图片来源：NASA Space Flight）

6.6 土卫六

太阳系八大行星大多有自己的卫星，但土卫六是非常特殊的一颗。因为距离太阳非常遥远，土卫六的表面温度低至 −179.15 摄氏度。它是太阳系内唯一一颗有大气层的卫星，大气成分主要是氮气。也就是说，土卫六是太阳系内除地球外仅有的富氮星球。与在火星上艰难寻找甲烷的踪迹不同，土卫六简直就是一个甲烷世界。此外，科学家先后在土卫六的大气中检测到多环芳烃和乙烯基氰化物等。这些有机化合物是生化物质前体，它们和生命起源有着比较紧密的关系。如前所述，甲烷分子是一种生物标志物分子。这可能预示着土卫六生命的存在吗？

更神奇的是，土卫六还富含甲烷湖泊。"卡西尼号"探测器在对土星系统开展抵近观测时，发现土卫六南极附近有一片神秘的黑色地貌，后来确认那是一片湖泊。2007 年，科学家发表在《自然》杂志上的一篇论文宣称："我们提供了 2006 年 7 月 22 日'卡西尼号'飞越土卫六时获得的土卫六表面存在湖泊的确凿证据。"[1] 总体来说，土卫六上的湖泊只覆盖了一小部分地表，大多数集中在两极附近。图 6-17 展示了"卡西尼号"拍摄的土卫六的合成照片。

---

[1] E. R. Stofan et al. The Lakes of Titan. Nature. 2007, 445(1): 61–64.

图 6-17 "卡西尼号"拍摄的土卫六的合成照片（图片来源：NASA）

如图 6-18 所示，在甲烷湖泊中是否有生命存在？ C. P. 麦凯（C. P. McKay）和 H. D. 史密斯（H. D. Smith）在 2005 年发表的一篇论文中提出："我们推测，土卫六上的液态甲烷中广泛存在产甲烷生命。氢气可能是最能彰显这些生命影响力的分子，因为它不在对流层顶凝结，并且在对流层中没有生成源或汇聚地。如果生命消耗大气中的氢气并且消耗速率大于 10^8 cm^{-2} s^{-1}，它将对对流层中氢气所占的比例产生可测量的影响。"[1]他们还认为："生命可以制定策

① C. P. McKay, H. D. Smith. Possibilities for Methanogenic Life in Liquid Methane on the Surface of Titan. Icarus, 2005, 178(1), 274–276.

略，克服有机物在液态甲烷中的低溶解度，并在低温下使用催化剂加速生化反应。'惠更斯号'探测器最近获得的结果可以通过表面乙炔、乙烷及氢气的异常消耗来表明这种生命的存在。"

图 6-18　土卫六湖泊的艺术想象图（图片来源：NASA/JPL-Caltech）

2010 年，达雷尔·斯特罗贝尔（Darrell Strobel）发现，氢分子在土卫六高层大气中的丰度比在低层大气中高很多。他认为这一发现与 C. P. 麦凯等人预言的产甲烷生命（见图 6-19）产生的影响一致。同年，另一项研究表明，土卫六表面的乙炔含量较低，C. P. 麦凯认为这一现象也符合产甲烷生命消耗碳氢化合物的假设。当然，这些观测结果还无法证明土卫六上存在以甲烷为基础的生命形式。至于是否真的存在土卫六生命，也许只有等人造飞行器亲自登临之后才能揭晓答案。

图 6-19　电子显微镜下的产甲烷菌（图片来源：Nicole Matschiavelli）

土卫六现在不宜居，但它会在太阳系晚期体现出更大的价值。当太阳进入红巨星阶段且表面温度升高时，土卫六的地表温度也会随之升高。如果温度升高到一定的水平，土卫六就会变成宜居星球。如果那时的地球生命还无法实现银河系内的航行自由，那么也许可以在经过环境改造后的土卫六上"苟延残喘"数亿年。

6.7　"旅行者号"与太阳系外的征途

最雄心勃勃的计划莫过于 NASA 的"旅行者号"计划，它由一组孪生飞行器组成，即"旅行者 1 号"（见图 6-20）和"旅行者 2 号"。这组飞行器都于 1977 年发射，它们在旅途中对其他行星做了近距离的观测，并把收集到的数据传回了地球。受益于引力弹弓效应，"旅行者 1 号"的飞行速度更快。它既是第一个对木星、土星及其卫星进行精密拍摄的探测器，也是第一艘穿越太阳圈并进入星际介质的宇宙飞船。"旅行者 1 号"现已成为距离地球最远的人造航天器。

图 6-20　"旅行者 1 号"的真容（图片来源：NASA）

"旅行者 2 号"可能是有史以来效率最高的航天器。它在经费紧张的情况下仍能携带功能强大的摄影机和大量的科学仪器造访 4 颗气态巨行星（木星、土星、天王星、海王星）及其卫星，拍摄了大量的高清图片，并完成了首次近距离掠过海王星的壮举。由于携带了更多的科学仪器，"旅行者 2 号"也将更早耗尽电量。但它不辱使命，对人类探索宇宙的事业厥功至伟。

"旅行者 1 号"和"旅行者 2 号"现在的位置如图 6-21 所示。虽然它们已经突破了太阳风的影响范围，但还没有彻底离开太阳系。NASA 的说法是："如果我们将太阳系定义为太阳及主要围绕太阳运行的一切，那么'旅行者 1 号'将留在太阳系内，直到它在 1.4 万～ 2.8 万年内冲出奥尔特云。"

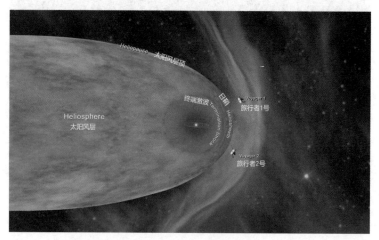

图 6-21 "旅行者 1 号"和"旅行者 2 号"现在的位置（图片来源：NASA/JPL–Caltech）

"旅行者 1 号"和"旅行者 2 号"还携带着人类文明对自己的介绍及对地外文明的问候。这些信息刻在金属盘上，包括数学和科学信息、太阳系的信息、地球上各种环境的声音，以及 27 首古今名曲等。如果真的有地外文明发现这些"地球名片"，那么它们可以通过这些信息了解太阳系和我们人类的文明。当然，对于信奉"宇宙黑暗森林法则"的人来说，这不是好消息。

两艘飞船的能源是三块放射性同位素温差发电器。现在看来，这些发电器可以维持两艘飞船搭载的科学仪器工作到 2025 年，工程数据可能会继续传回地球。两艘飞船大约在 2036 年之前处于深空网络的通信范围内，在那之后将彻底失去联系。不过，"旅行者 1 号"和"旅行者 2 号"会继续它们在银河系的征程。

两艘飞船最终将去向何处？"旅行者 1 号"预计将在大约 300 年后抵达奥尔特云，并于约 3 万年后完全通过奥尔特云。然后，它将开启在星际空间的漫漫征途，按照 NASA 的官方说法："'旅行者'注定——也许永远——会漫游在银河系中。""旅行者 1 号"于 1981 年在土星附近偏离黄道面，现在正往蛇夫座方向前进，并将于 4 万年后从距离鹿豹座的格利泽 445 星 1.6 光年的地方飞过。

由此可见，恒星之间的空间异乎寻常地广袤，要实现星际空间的飞行非常艰难。最天马行空的计划莫过于前面提到的"突破摄星"计划，由物理学家斯蒂芬·霍金生前和投资人尤里·米尔纳于 2016 年 4 月 12 日在美国纽约共同宣布。该计划是"突破计划"的太空探索项目，计划利用激光把名为"星片"（StarChip）的光帆飞行器加速到光速的五分之一。这样一来，它就可以在约 20 年后到达太阳的邻居"比邻星"，并把信息传回地球。"星片"非常轻，只有几十克重，如图 6-22 所示。现有技术并不能实现人类的跨恒星旅行。前路虽艰难，但目标终将实现。

图 6-22 "星片"的艺术想象图（图片来源：Breakthrough Initiatives）

第 7 章

系外行星与费米悖论

太阳只是银河系中的一颗非常普通的恒星。银河系有数以千亿计的恒星，其他恒星的周围也存在行星吗？如果存在，这些行星适宜生命生存吗？它们的上面有生命吗？这些问题涉及对系外行星的搜寻与研究。

2019 年诺贝尔物理学奖一半授予了瑞士天文学家米克尔·马约尔（Michel Mayor）和迪迪埃·奎洛兹（Didier Queloz），以表彰他们在系外行星搜寻方面所做的杰出贡献。近几年，对系外行星的研究受到广泛的社会关注，这也是本章要讨论的内容。

7.1　系外行星

太阳系外的行星统称为系外行星。在搜寻系外行星时，最大的困难是行星本身并不发光。科学家常采用一些间接方法，比如凌日法（也叫掩星法，如图 7-1 所示）。一颗行星从其母恒星的前方横穿而过时，会遮挡一部分来自该恒星的光。地球上的科学家在观测这颗恒星时就会发现它的亮度略微下降了一些。行星越大，遮挡能力越强，恒星亮度的下降幅度也越大。举例来说，系外行星 HD 209458b 在飞越其母恒星时，恒星的亮度暗了 1.7%。

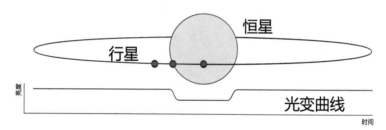

图 7-1　凌日法的原理示意图（图片来源：Nikola Smolenski/ 维基百科）

第一颗围绕普通主序星运转的行星（飞马座 51b）直至 1995 年才被天文学家发现。截至 2022 年 3 月，一共发现了超过 5000 颗系外行星，这些行星分属 3000 多个行星系统（见图 7-2），有 600 多个行星系统含有超过一颗行星。开普勒太空望远镜厥功至伟，一共发现了 2000 多颗系外行星。此外，它还发现了超过 18 000 颗行星候选体。气态行星的体积一般比岩石行星大，根据行星大小推测，开普勒太空望远镜发现的系外行星中有数百颗可能是岩石行星，而且有 9 颗还位于宜居带。需要指出的是，现有的技术更有利于发现离恒星非常远的行星，但这并不代表距离恒星较近的宜居带中的行星较少。

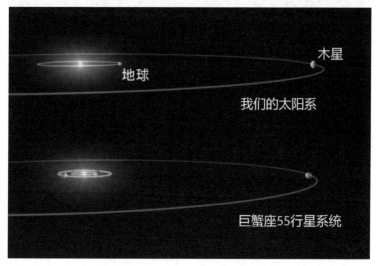

图 7-2　太阳系的行星系统与巨蟹座 55 行星系统的比较图（图片来源：NASA）

系外彗星指的是环绕着其他恒星旋转的彗星。第一个系外彗星系是在 1987 年发现的，它位于绘架座 β 星，如图 7-3 所示。绘架座 β 星又称为老人增四，它是一颗非常年轻的恒星，年龄介于 2000 万岁和 2600 万岁之间。欧洲南方天文台的天文学家还发现绘架座 β 星附近有一颗行星，这颗行星是已发现的系外行星中最接近其母恒星的一颗，距离大约相当于土星与太阳的距离。

图 7-3 艺术家想象的绘架座 β 星及其周围的系外彗星和各种行星形成的过程（图片来源：NASA/FUSE/Lynette Cook）

截至 2019 年 2 月，已经有 27 颗恒星周围被观测到有彗星绕转。彗星被认为是行星形成过程中的残余物，也是记录行星形成初期状态的"活化石"。它同时是行星上的水的来源，也是星云中继假说中生命种子的携带者之一。因此，研究彗星对行星形成及生命起源等关键课题也有重要的意义。

尽管很难，但我们对其他恒星 - 行星系统的生命搜寻仍在有条不紊地进行。这些系外行星和我们之间的距离最少也有几光年，现有的航天器飞到这些行星需要几十万年甚至几百万年。现阶段，我们主要通过测量行星大气的光谱来研究其组成成分。截至 2021 年，我们已经在系外行星的大气中识别出了水、钠、钾、甲烷、钙、镁和铁等原子和分子，如图 7-4 所示。水分子的广泛存在，从另一个侧面暗示了存在地外生命的可能性。随着研究的深入，我们一定会知道更多关于系外行星的信息，甚至可能找到地外生命的蛛丝马迹。

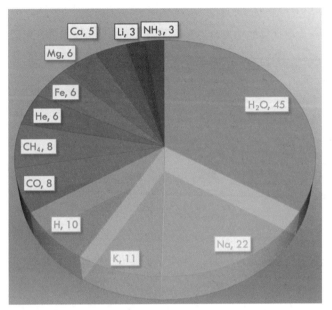

图 7-4 截至 2021 年，观测到的系外行星元素统计数据（图片来源：中国科学院紫金山天文台陈果研究员提供）

7.2 行星宜居性

维基百科对行星宜居性的定义是："天文学里对星体上生命的出现与繁衍潜力的评估指标，它可以适用于行星及其天然卫星。"这里所说的宜居性是对地球生命而言的，我们称适合地球生命生存的行星为宜居行星。当然还存在另外一种可能，那就是当地的环境并不适合地球生命生活，却存在适应当地环境的生命系统。但这种情况对我们来说，是未知的未知，在此讨论没有现实意义。

一个适合类地球生命生存的家园，要满足诸多条件，可以说天时、地利、人和缺一不可。

7.2.1　恒星特征

恒星是行星生物赖以生存的能量来源，必须具备一定的特性才能提供宜居条件。首先，恒星光球层的温度要适中，以 4000 摄氏度到 7000 摄氏度为宜，不能过冷或过热。其次，恒星维持在适宜温度状态的时间要足够长，这样才能给生命起源留下充足的时间。这一条其实是对恒星质量的要求，因为恒星的质量决定了它的寿命。恒星的质量越大，寿命就越短，反之则越长，如表 7-1 所示。此外，恒星应该保持稳定，因为有的变星亮度会在短时间内发生较大变化，其周围行星的温度也会相应地发生剧烈变化。显然，这样的环境是不适宜生命健康生存的。

寿命太短的恒星肯定不利于生命起源或进化出更高等级的形式。但是，假如前身恒星系统已经进化出生命，并如星云中继假说认为的那样安然无恙地度过分子云这一天体演化阶段，那么在大质量恒星周围仍然可能有生命存在。

表 7-1　恒星的质量与寿命的关系

恒星质量 （太阳质量的倍数）	恒星寿命
60	300 万年
30	1100 万年
10	3200 万年
3	3 亿 7000 万年
1.5	30 亿年
1	100 亿年
0.1	10 万亿年

在我们的银河系中，大约有一半的恒星可以满足这些条件。也就是说，对恒星的要求其实并不算苛刻。但很多恒星其实处于双星系统甚至三星系统内，其行星的轨道会变得凌乱而无序。这些行星难以保持适合的温度，同样不适于生命生存。

当然，有些双星系统或三星系统的行星轨道比较稳定，这些是例外情况。事实上，我们的太阳系可能就属于这种例外情况。有一种假说认为，太阳有一颗伴星，名叫复仇女神星（Nemesis），如图 7-5 所示。支持这一假说的天文学家认为，复仇女神星的亮度很低，我们无法利用望远镜看到它的真容。它在近日点约 1 光年、远日点约 3 光年的轨道上运行。每隔一段时间，复仇女神星就会穿越奥尔特云并扰动其范围内的彗星。这些彗星会大量冲向太阳系，并可能撞击地球，造成生物大灭绝事件（见第 8 章）。当然，这只是一种假说，还没有足够的证据证实复仇女神星的存在。

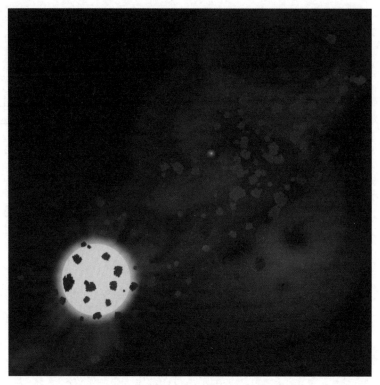

图 7-5　复仇女神星的艺术想象图（图片来源：维基百科）

如图 7-6 所示，质量较小、寿命近乎无限长、数量也更多的红矮星，看起来更有利于生命的起源。但很长一段时间以来，科学家都认为红矮星周围的行星难以维持生命的生存。原因是，红矮星质量小、表面温度较低，行星必须在非常近的轨道上运行才能维持较为适宜的温度。但是，距离过近会导致行星被潮汐锁定，使其一面朝向恒星，另一面则是永夜（比如，月球就被地球的引力潮汐锁定，只有一面面向我们）。在这种情况下，要维持温度，行星必须有非常厚的大气层。但浓厚的大气会吸收恒星的光，阻碍植物的光合作用。

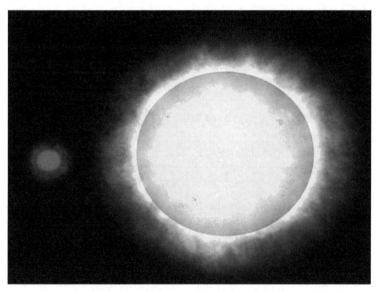

图 7-6　红矮星（左）与太阳的大小比较（图片来源: NASA）

美国科学家罗拔·黑贝尔雷与马加·乔西指出，行星大气只需要比地球大气厚 15% 就可以把热量从总是白天的一面传导至总是黑夜的一面。这样的大气厚度并不会严重影响光合作用。不过，红矮星发出的光主要集中在红外波段，这会让光合作用更难进行。然而，这可能并不是难以克服的困难。由英国帝国理工学院科学家领衔的研究团队在《科学》杂志上发表的论文指出，在阴暗环境下生存的蓝藻可以利用近红外光进行光合作用。

红矮星有很多劣势，但也有其他恒星不具备的巨大优势，那就是它的寿命非常长。它可以在千亿年尺度上为行星提供稳定的能量来源，给生命起源留下充足的时间。

7.2.2 行星特征

首先，适宜生命生存的行星要是类似地球的岩石行星。像木星和土星那样主要由氢和氦组成的气态行星，显然不是宜居的环境。此外，行星还要富含生命必需的碳、氮、氧、磷和硫等元素，并且具备碳元素等发生各种反应的化学环境。

其次，类地行星的个头需要适中。质量小的行星，引力较小，对周围大气的束缚能力也较弱，大气层会比较稀薄。以图 7-7 所示的火星为例，其大气总质量为 25 兆吨，不足地球的二百分之一，大气压也不到地球的百分之一。在这样的行星上，组成生命的分子和微生物很容易被太阳风或者星际尘埃"吹"到外太空。大气层太薄，对行星温度稳定性的维持能力也较差。没有稠密大气的保护，行星表面更容易受陨石撞击，因为陨石在大气中燃烧得不够充分。

图 7-7　从太空中俯瞰火星，稀薄的火星大气清晰可见（图片来源：NASA）

此外，小质量行星的地质活动会停止，没有火山和地震等地质活动。我们知道，海底火山可能在生命起源过程中起到重要作用。这些也是不利于形成生命的因素。不过凡事都有例外：木卫一尽管很小，但也有火山活动，这和它特殊的运行轨道引起的地心压力变大有关。

影响行星宜居性的因素还有轨道和自转周期。行星轨道越圆越好，因为太过扁圆（轨道偏心率大）的轨道，其近日点和远日点到恒星距离的差距过大，这会引起行星的温度大幅波动。地球轨道非常接近正圆形，影响地表温度的主要因素就变成了太阳光的照射角。行星的自转周期影响日夜交替，过长的昼夜交替周期显然并不利于行星温度的保持，也不利于生命活动。

7.2.3　宜居带

按照维基百科的定义，宜居带是"恒星系中适合生命生存的区域"。行星的温度和它与恒星的距离有关，距离越近则温度越高，反之则越低。一般认为，能使水保持液态的区域，就是适合生命生存的宜居带。可以将宜居带看作恒星周围一定范围内的球壳，球壳内层距离是保持水不汽化的距离，外层距离是保持水不结冰的距离。

不过，距离有时候并不是决定性因素，行星大气的厚度和成分有时候扮演着更重要的角色。以金星为例，它是地球在太阳系内侧的邻居，如图 7-8 所示。金星位于太阳系宜居带的内缘附近，但其浓厚且富含二氧化碳的大气层，令其表面温度高达 400 多摄氏度。而位于宜居带的月球没有大气，白天温度高达 100 多摄氏度，夜晚则低至零下 150 多摄氏度。因此，利用不同的限制条件，科学家会得到完全不同的宜居带范围。

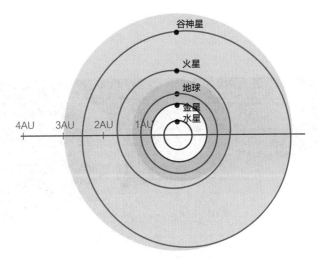

图 7-8 太阳系的宜居带。两种颜色代表两组科学家的计算结果，细节见维基百科（图片来源：维基百科）

7.2.4 系外宜居行星

处于宜居带的岩石行星是地外生命存在的基础，也是我们将来开展星际移民的潜在家园，如图 7-9 所示。

格利泽 581g 是人类在红矮星格利泽 581（距离地球大约 20 光年）旁发现的第 6 颗行星。迄今为止，在天文学家发现的系外行星中，格利泽 581g 是最像地球的系外行星之一。据推测，格利泽 581g 的直径比地球稍大，质量为地球的 3 ~ 4 倍，表面平均温度比地球低一些。它的表面有岩石，还可能存在液态水和大气。尽管该行星是

否真正存在尚有一些争议，但它无疑给"第二地球"的搜寻带来了
"曙光"。

图 7-9　系外宜居行星的艺术想象图（图片来源：维基百科）

太阳的邻居比邻星也有一颗处于宜居带的行星：比邻星 b。比邻
星是一颗红矮星，处于一个三星系统中。比邻星 b 是理论上距离我
们最近且处于宜居带的系外行星，几乎必然是若干年后我们直接探
索的首颗系外行星。科幻小说《三体》里的外星人，就居住在比邻
星的行星上。现在看来，存在三体"人"的可能性还不能完全排除。

近十多年来，系外行星研究进展得特别迅速。此前，天文学家
仅发现了十几颗行星位于宜居带中，而开普勒太空望远镜则确认了
54 颗行星位于宜居带中。图 7-10 展示了一些潜在的宜居行星。银

河系内适宜生命生存的候选行星数量庞大，有人估计数量甚至高达
5 亿颗。

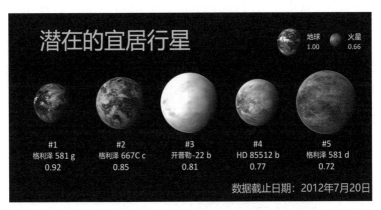

图 7-10 潜在的宜居行星（图片来源：PHL/UPR Arecibo）

7.3 费米悖论

到底有没有地外高等级生命？ 1950 年的一天，物理学家恩里
科·费米（Enrico Fermi，见图 7-11）在去吃午饭的路上与同事讨
论 UFO 及外星人的问题。在吃饭的时候，他突然问道："他们都在
哪儿呢？"这个问题后来引起了广泛的讨论，被称作**费米悖论**（有
时也称**费米佯谬**）。费米悖论有两个前提：一、由于恒星和行星的
普遍性，存在极多的可以发展出高等级文明的行星系；二、智慧生
命具有对外扩张的倾向性，扩张的原因既可能是对资源的需求，也

可能是单纯的探索欲望。这一点比较容易理解，我们人类也是如此。费米悖论的隐含之意是：如果地外生命足够多，文明也足够发达，那么他们为什么还没有找到我们？为什么我们也找不到他们？费米悖论涉及天文学和生命起源的诸多问题，到现在为止，我们还没有找到确切的答案。

图 7-11　恩里科·费米教授
（图片来源：诺贝尔奖官网）

　　星系之间的距离太过遥远，我们通常只考虑银河系内的地外生命存在的可能性。在银河系内，能够与我们建立通信联系的文明的数量可用德雷克方程来描述，如图 7-12 所示。它的具体含义是：银河系内能够与我们建立通信联系的文明的数量（N）= 银河系内恒星形成率（R_*）× 拥有行星的恒星比例（f_p）× 恒星周围适合生命生存的行星的平均数目（n_e）× 行星发展出生命的概率（f_l）× 演化出高智生物的概率（f_i）× 高智生物能够进行通信的概率（f_c）× 持续发出电磁信号的高技术文明的存在时间（L）。

图 7-12　弗兰克·德雷克（Frank Drake）和以他的姓氏命名的方程（图片来源：Frank Drake）

　　对于德雷克方程中每一项的具体数值，有的理解得比较清楚，有的只能大体估计。R_* 等于每年 1.5 ~ 3 颗恒星，它是德雷克方程中比较好确定数值范围的参数；按照现有的观测数据估计，f_p 可能接近于 1，也就是说，大多数恒星周围有行星；关于 n_e，很多科学家认为，它的最小值介于 3 和 5 之间，不过有些学者认为这一估计偏乐观；剩下几项难以估计，众说纷纭。如果一项或多项的数值特别小，那么银河系内能够与我们建立通信联系的文明数量就会大幅下降，进而解释费米悖论。对于这一数量，不同的人对德雷克方程中参数的取值差异极大，得到的结果也千差万别，小到万亿分之一，大到千万量级。

一般来说，费米悖论的解决方案可以分为两类：不存在外星文明；存在外星文明，但是他们由于某些原因无法和我们建立联系。以下是几种可能的解释。

地球特异假说

这类模型强调地球的特殊性和地球生命历程的特殊性，认为其他外星生命即使存在，文明也难以崛起。这应该算是新时期的地心说，我个人非常不喜欢（也不相信）这类模型，所以在此不做详细阐述。

智慧生物的自我毁灭

这一理论认为技术文明可能倾向于或者必定会自我毁灭。毁灭方式可能有核战争、生物武器或意外的病毒感染、结果不稳定的物理实验（有科学家认为高能物理实验会人工制造出黑洞）、失控的人工智能等。这种自我毁灭风险确实存在。2022 年，联合国安理会五大常任理事国达成避免核战争的共识。这件事背后的潜台词是，核战争的风险是存在的，所以要尽全力避免。人类文明应该找到一条路，避免自我毁灭。

大沉默——难以逾越的空间屏障

这种理论认为星际空间太过广袤，如此长距离的旅行难以实现。我们的邻居比邻星距离我们有 4.2 光年，以现有的技术确实难以实现恒星际旅行。过长的距离还降低了智慧生命被探测到的概率，因为电磁波等信号的强度与距离的平方成反比，随距离的增长快速衰减。

也许智慧生命的出现在宇宙中本就是非常偶然的稀奇事件，也许我们注定孤单，也许还有我们未知的很多"也许"。

第 8 章

宇宙与生命

生物大灭绝（也被称作生物集群灭绝，extinction of biological clusters）是指在相对较短的时段内发生的大规模生物集群灭绝事件。据科学家推测，自地球诞生以来，曾经发生过至少 20 次生物大灭绝事件，其中 5 次较大规模的生物集群灭绝事件分别发生于奥陶纪末期、泥盆纪末期、二叠纪末期、三叠纪末期和白垩纪末期（也就是恐龙灭绝事件），如图 8-1 所示。需要特别注意的是，我们正在经历生物大灭绝事件——全新世灭绝事件。有科学家估计，仅在 20 世纪，就已有约 200 万个物种实际灭绝。在一万年前的冰河时期，也发生了生物大灭绝事件，剑齿虎和猛犸象等称霸一时的生物就此退出了地球历史的舞台。

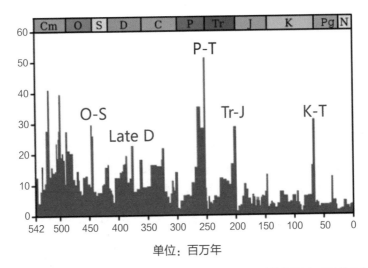

图 8-1　不同地质年代的海洋生物灭绝比例（由易变成化石的物种统计而来），图中的 5 个尖峰代表 5 次较大规模的生物集群灭绝事件（图片来源：维基百科）

很多科学家怀疑，至少部分生物大灭绝事件和天文现象有关，比如恐龙灭绝就被认为和小行星撞击地球有关。有科学家认为，其他的一些生物大灭绝事件和超新星爆发或伽马射线暴有关。本章将讨论宇宙和生命的关系，以及宇宙可能对生命造成的致命威胁。

作为一颗普通行星，地球受到很多外部威胁。也许，我们需要有备选方案，比如殖民火星，把人类变成一个多行星物种，毕竟两颗行星同时发生超级火山喷发或天体撞击等灾难性事件的概率要小得多。人类开展的航天活动，不仅仅是为了满足好奇心，也是为了扩展整个地球生命种群的活动范围，并希望在某些灾难性事件中保留生命的火种。

8.1　太阳的威胁

太阳是生命之源，它是地球上几乎所有生物的终极能量来源。没有太阳，就没有地球生命。但是，太阳也可能对地球生命构成威胁，甚至是致命威胁。

太阳正值中年，状态非常稳定。太阳对我们的日常生活有些影响，但威胁都不算太大。主要的影响有太阳爆发活动，因为这会把高能带电粒子抛射出来（见图 8-2），影响地球大气的电离层，进而影响无线电通信。此外，太阳爆发活动还会影响地球磁场，产生"磁暴"。太阳还会影响地球的气候，进而直接影响我们的生活。不过，这些对人类的生存并不构成致命威胁。

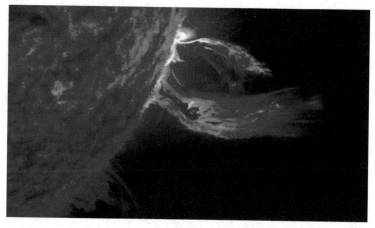

图 8-2　太阳日冕物质抛射（图片来源：NASA/SDO）

太阳在生命末期会变成一颗红巨星。那时，地球会被它吞噬，地球上的一切都将陷入熊熊烈火之中，整个地球将变成"人间炼狱"。但是，其实不用等那么久，太阳就会"折磨"地球上的生灵。图 8-3 展示的是太阳的全生命周期过程。在今后几十亿年里，太阳的温度会逐渐升高。尽管这种变化在短时间内对我们的生活不会造成影响，但因为长时间的累加效应，总有一天会让地球的温度升高到生命难以承受的程度。

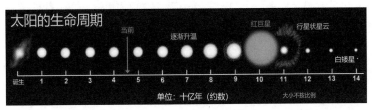

图 8-3　太阳的全生命周期过程。在今后几十亿年里，太阳的温度会逐渐升高（图片来源：维基百科）

法国皮埃尔－西蒙·拉普拉斯研究所（IPSL）的研究人员在 2012 年 12 月 12 日发表于《自然》杂志上的论文中指出，在 10 亿年后，太阳的平均辐照度将达到 375 瓦 / 平方米，即达到现在的 1.1 倍。那时，地表温度将高达 70 摄氏度。由于空气中的水蒸气含量升高，地球气候变得非常不稳定，最终导致海洋沸腾、地表水彻底消失，地球生命的历程也将就此终结。最近几年大家常听到"全球气候变暖"，不过这可能是因为温室气体的累积或我们未知的其他原因，但和太阳的长周期演化并无关联。

要维持文明永续，必须早做打算。火星是太阳系最外侧的岩石行星，其温度在数亿年后将升高到宜居程度。因此，它是人类在太阳系内最佳甚至唯一的备选家园。探索和改造火星，是人类长远发展必须要迈出的一步。

8.2 系内天体的威胁

白垩纪 - 古近纪灭绝事件是最为人熟知的生物大灭绝事件，除了进化为鸟类的小型、带羽毛的恐龙，其他种类的恐龙都在这次事件中灭绝了。75% 的物种在这次生物大灭绝事件中消失了。然而，和二叠纪 - 三叠纪灭绝事件比起来，这只是小巫见大巫。在二叠纪 - 三叠纪的生物大灭绝事件中，当时地球上 70% 的陆地物种和高达 96% 的海洋物种消失了。在今天看来，这样的生物大灭绝事件都异常恐怖。

引发这几次生物大灭绝事件的原因有很多，但具体原因仍然扑朔迷离，比较流行的说法有天体撞击地球和超级火山爆发等。质量足够大的天体撞击地球会击穿地壳，导致地下岩浆喷溅出来。部分物质由于速度特别快而冲入低地球轨道，它们重新落回地球时会在更大范围内给生物造成伤害。岩浆气体引发的热浪会在短时间内蔓延全球，造成大量水分蒸发，地表温度快速升高。大量尘埃遮蔽了太阳光对大地的直接照射，阻碍了光合作用。植物因为没有光合作用而死亡，以植物为食的动物随后死亡。整条食物链随之崩溃，大量物种活不到太阳再次照临。有研究表明，在恐龙灭绝的那段时期，地球同时发生了超级火山爆发和小行星撞击事件，如图 8-4 所示。至于这两个因素哪个起的作用更大，或是还有我们未知的其他原因造成了恐龙的灭绝，还需要科学家进一步研究。正在阅读本书的小读者，也有机会去解开这一"迷雾重重"的未解难题。

图 8-4　小行星撞击地球的艺术想象图（图片来源：NASA/Bern Oberbeck/Kevin Zahnle）

轨道与地球轨道相交的天体，对地球会构成威胁。这类天体主要有两类：小行星和彗星。来自奥尔特云的彗星对地球的威胁更大，这是因为它们的个头一般较大，而且来自于更遥远的太阳系外围区域。这些彗星飞临地球时，巨大的引力势能转换为动能，彗星可以达到非常高的速度。如此高速的大个头天体，一旦撞上地球，一定会给生物造成巨大的伤害。

千疮百孔的月球表面布满了大大小小的陨石坑。这些都是天体撞击事件的证据。地球也曾多次遭遇这样的事件，但地球上的陨石坑比较少。这其中的一个原因是，地球受大气保护，很多小陨石在撞击地表之前就燃烧殆尽或在空中爆炸。1908 年 6 月 30 日，一颗直径约 60 米的小行星撞向地球，并在俄罗斯西伯利亚通古斯河附近的上空发生爆炸。这次爆炸摧毁了该地区约 2000 平方千米的森林。由于当地人烟稀少，所幸无人员伤亡报告。2013 年 2 月 15 日，俄罗斯车里雅宾斯克州发生天体坠落事件，造成 1200 多人受伤。这次事件发生于信息时代，所以相关的图片和视频有很多，感兴趣的读者可以自行搜索相关信息。

地球表面大部分区域被液态海洋覆盖，海底深处的陨石坑搜寻起来非常困难。此外，地球的各种气象天气、岩石的风化侵蚀、动植物的各种活动都会影响陨石坑的地貌形态。尽管如此，科学家还是在地表找到了多个陨石坑，比如位于美国亚利桑那州北部的沙漠中的巴林杰陨石坑，如图 8-5 所示。2020 年，中国科学院广州地球化学研究所陈鸣研究员等在我国黑龙江省哈尔滨市依兰县发现了一个新的陨石坑，即依兰陨石坑。到目前为止，科学家已经在地球上发现了超过 190 个陨石坑，这些陨石坑见证了地球

的"受伤"历史。如果一颗直径 10 千米的小行星以 10 千米 / 秒
的速度撞击地球，那么释放的能量相当于几十亿颗广岛原子弹，
这足以对地球上的生命产生致命的威胁。恐龙的灭绝就可能是小
行星撞击地球造成的。

图 8-5　巴林杰陨石坑全景（图片来源：维基百科）

　　天文学家已经拥有大量关于内太阳系小行星的数据，图 8-6 是
2022 年 5 月 8 日的内太阳系小行星轨道位置分布图。从图中能够
看到，地球轨道附近的小行星数量较多。到目前为止，天文学家
一共发现了超过 1600 颗可能撞击地球的"潜在威胁近地小行星"，
其中绝大多数会对地球构成致命威胁的小行星已被登记在册。中国
科学院紫金山天文台的近地天体望远镜就发现过多颗这样的"潜在
威胁近地小行星"。

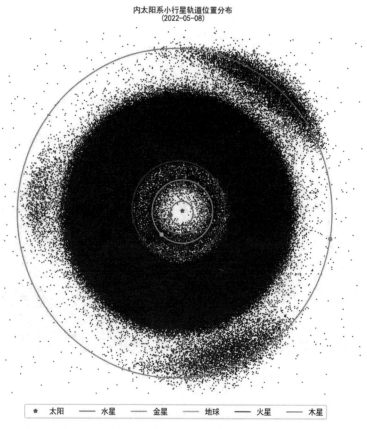

图8-6 2022年5月8日内太阳系小行星轨道位置分布（图片来源：中国科学院紫金山天文台胡寿村副研究员）

小行星4179（也被称作图塔蒂斯）就是一颗对地球有潜在威胁的近地小行星。它的公转周期约为4年，会频繁地接近地球。2012年4月15日，"嫦娥二号"在完成月球探测任务后飞越图塔蒂斯并执行扩展观测任务。同年12月，"嫦娥二号"以3.2千米的距离掠过这颗小行星，并对它"拍照留念"，如图 8-7 所示。这是迄今为止距离最近的小行星飞掠任务，也是中国为小行星探测领域所做的贡献。

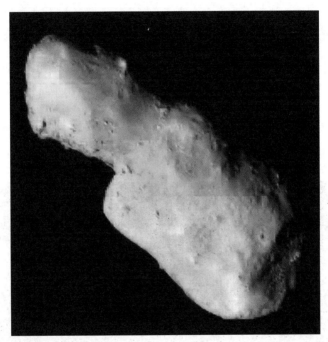

图 8-7 "嫦娥二号"拍摄的图塔蒂斯小行星的照片（图片来源：Jiang Y., et al, Sci Rep 5, 16029, 2015）

有了这些观测结果，我们就能够构建一个预警系统。天文学家已经可以对小行星撞击地球的事件开展预报。2008 年 10 月 6 日，科学家就成功预报了一颗直径约 4 米的小行星对地球的撞击，撞击时间误差只有 15 秒。随着观测水平的提升，相信我们的观测预警网络会日趋完善。

2019 年 7 月 25 日，一颗直径 60 米 ~ 130 米的小行星以 24.5 千米 / 秒的速度与地球擦肩而过。这颗编号为 "2019 OK" 的小行星离地球最近时仅有 7.25 万千米，不足地月距离的五分之一，如图 8-8 所示。更令人心有余悸的是，因为太阳强光的遮蔽，直到这颗小行星靠近地球的前一天，它才被巴西 SONEAR 天文台发现。如此大的小行星如果撞向人口密集的城市，后果不堪设想。这一事件表明，我们的空间近地小行星监测网络还有很多空白，很多国家尚未布局足够的望远镜等太空监测设备，未来还有很多工作要做。

图 8-8　小行星 2019 OK 掠过地球时与地月的相对位置（此图为示意图，2019 OK 的真实大小和形状并非如图所示）

前面讲的都是针对小行星的预警观测，其实，针对彗星的预警观测更难。现在还没有办法预测何时会有彗星降临，留给我们的预警时间也更短。需要指出的是，只有个头足够大的小行星和彗星，才会对地球生命构成致命威胁。这样的事件发生的概率不高，大约几千万年才发生一次。因此，没有必要因为这一点而杞人忧天。相信随着科技的进步，我们应对的手段也会不断加强，这就是接下来要讲的行星防御计划。

行星防御

有了准确的预报，接下来我们就应该想办法采取积极、主动的应对措施，也就是行星防御。近几年，各国都采取了实际的行动，在这一研究领域持续投资。我们也告别了纸上谈兵，开始了脚踏实地的实战演练。

行星防御有多种方案，很多方案还停留在理论计算上，是否有效还有待实践检验。以下介绍常见的方案。

核弹爆破

核弹在小行星表面爆炸，利用爆炸的冲击力把小行星炸成小石块。小石块会在大气中燃烧殆尽，对地球生命没有威胁。这种方案能否有效，还需要更多数据检验。而且，这种方案的随机性太大，无法准确预计爆炸之后的结果。

航天器碰撞

通过直接碰撞，改变天体的运动轨迹，进而消除对地球的威胁。这种方案的好处是可预测性较强，但对质量特别大的小行星，需要撞击很多次。

激光烧蚀

利用高功率激光束照射小行星，通过激光的加热效应烧蚀小行星。这种方案对个头较小的小行星会有效果，但对大质量的小行星，需要的时间过长，可操作性差。

低推力推进

这种方案的原理非常简单，那就是把火箭发动机安装在小行星上，通过火箭的推力，改变小行星的轨道，使其偏离撞击轨道。这项技术有些像《流浪地球》里的行星发动机，原理是一样的。我个人认为，只要有足够的推力，该方案就会起作用，而且过程可以精确计算，结果也更可控。要推动大质量的小行星，需要巨量的燃料和极大功率的发动机，技术难度较高，费用也势必异常"昂贵"。

除此之外，还有很多其他策略，比如质量驱动器策略和引力拖曳策略等，在此不再赘述，感兴趣的读者可以自行检索相关资料。

航天器碰撞策略是走在最前面的研究方案。如图 8-9 所示，双小行星改道测试（Double Asteroid Redirection Test，DART）项目是首次尝试利用人造卫星撞击近地天体以干预其轨道的实验，由 NASA 和约翰斯·霍普金斯大学应用物理实验室（Applied Physics Laboratory，APL）合作执行。该项目旨在测试航天器撞击能否成功改变近地天体的轨道，进而避免它撞击地球。

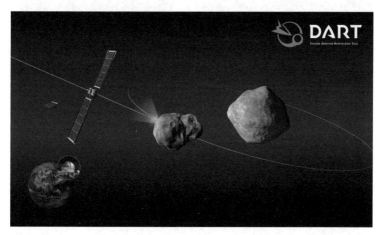

图 8-9　DART 项目的任务示意图（图片来源：NASA/约翰斯·霍普金斯大学应用物理实验室）

该任务的目标天体是双小行星系统迪迪莫斯（Didymos），卫星将撞击双小行星系统中在外围绕转的那颗质量较小的天体。重达半吨的 DART 卫星以 6.6 千米 / 秒的速度撞击小行星，并使它产生约 0.4 毫米 / 秒的速度变化。随着时间的推移，如此微小的速度变化所产生的累积轨迹变化就可能会改变小行星的轨道，降低它撞击地球的风险。DART 卫星已经在 2021 年 11 月 24 日成功发射，并于 2022 年 9 月 26 日完成撞击实验。初步来看，撞击取得了比较好的效果，如图 8-10 所示。该项目的成功实施为航天器碰撞这一行星防御应对策略提供了非常有用的数据和宝贵经验。

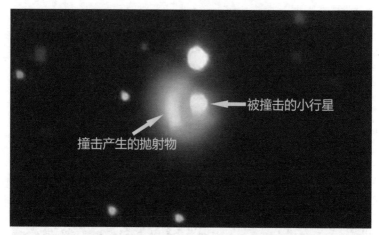

图 8-10 DART 项目的撞击效果（图片来源：NASA/ 约翰斯·霍普金斯大学应用物理实验室）

我国对行星防御也有规划，相关的实验正在紧锣密鼓地推进，相信大家很快就能看到实际行动。我国第一届行星防御大会于 2021 年在桂林召开，相信大家凝聚力量、团结互助，很快会做出成绩。2022 年 4 月 24 日，时任国家航天局副局长吴艳华在接受中央电视台记者专访时表示："我国还将着手组建近地小行星防御系统，组织编制近地小行星防御发展规划，开发近地小天体防御仿真推演软件并组织开展基本流程推演。"在 2023 年 4 月 25 日举行的 2023 年"中国航天日"首届深空探测（天都）国际会议上，中国深空探测重大专项总设计师吴艳华透露，我国将对近地小行星 2016HO3 进行探测、伴飞、取样和返回，此外还将探测一颗新近发现的主带彗星。以我国脚踏实地的风格及较强的空间项目组织和实施能力，相信大家很快就会看到行动和成绩，为行星防御和所有地球生物的安全贡献中国力量。

尽管现在我们对天体撞击事件还没有十分可靠的应对方法，但相信随着科技的进步，我们总有一天可以从容地应对此类危机。

图 8-11 我国的行星防御计划（图片来源：央视新闻报道）

8.3　超新星爆发和伽马射线暴的威胁

关于超新星爆发和伽马射线暴，第 2 章已经做过一些讨论，在此不再赘述。本节主要讨论这些剧烈的天文事件对地球生命的影响。

记得在读博期间的一次小组讨论会上，我问我的导师陆埮教授：如果在银河系内离我们不远之处爆发伽马射线暴（见图 8-12），并且喷流正对着我们，会发生什么？我记得陆老师当时回答："恐怕地球上的一切生命都完了。"后来，我陆续读到一些文献，发现很多严肃的学术论文讨论过这种可能性。

图 8-12　伽马射线暴的艺术想象图（图片来源：NASA/Swift/Mary Pat Hrybyk-Keith、John Jones）

超新星爆发和伽马射线暴都会向地球发射伽马射线和高能宇宙射线。能量特别高的宇宙射线不太容易受到太阳风的干扰而直接到达地球。高能宇宙射线在大气中会发生级联簇射，产生大量的次级粒子，比如正负电子、缪子、各种强子等。而伽马射线在大气中被吸收后，可以促使氮气发生光解反应，进而显著提高平流层的一氧化氮浓度。一氧化氮是臭氧分子（O_3）和氧原子（氧气吸收光子，裂解产生）反应生成氧气的催化剂。这些反应会严重破坏臭氧层。没了臭氧层的保护，地球生命直接暴露在太阳紫外线的辐射之下。这会造成 DNA 的损伤，进而引发大规模的生物灭绝事件。美国学者阿德里安·L. 梅洛特（Adrian L. Melott）等认为，奥陶纪末期的生物大灭绝事件可能就是伽马射线暴（以下简称伽马暴）引发的[1]。此外，美国沃什伯恩大学的布莱恩·托马斯（Brian Thomas）领导的研究团队发现，在此后的数千年间，地球大气的辐射剂量会显著升高。尽管不会造成大规模的生物灭绝事件，但这对地球生命是另外一种威胁。

以色列科学家茨维·皮兰（Tsvi Piran）和劳尔·希门尼斯（Raul Jimenez）研究了银河系内的伽马暴对地球生命可能构成的威胁[2]。利用伽马暴发生率、光度函数和宿主星系的特性，他们估计了

[1] Adrian L. Melott et al. Climatic and Biogeochemical Effects of a Galactic Gamma-Ray Burst. Geophys. Res. Lett. 32 (2005) L14808.

[2] Tsvi Piran, Raul Jimenez. Possible Role of Gamma Ray Bursts on Life Extinction in the Universe. Phys. Rev. Lett. 113 (2014) no.23, 231102.

严重威胁生命的伽马暴发生的概率。他们认为，在过去的 50 亿年中，可能在太阳系附近发生了一次致命的伽马暴。在过去的 5 亿年中，发生这种致命事件的概率有 50%，并且导致了某次生物大灭绝事件。他们还发现，距银河系中心 13 000 光年半径范围内发生致命伽马暴的概率要大得多，这使其不适合生命存在。大型星系外围的低密度区域才是适合生命长久生存和发展的安全环境。

超新星爆发没有伽马暴那么激烈，但它发生的频率更高，可能造成的威胁也非常大。图 8-13 展示了正在爆发的超新星。美国约翰斯·霍普金斯大学的纳尔奇索·贝尼特斯（Narciso Benítez）研究[1] 发现，距太阳约 420 光年的 Scorpius-Centaurus OB 星协（O 型恒星和 B 型恒星组成的稀疏星团），在过去 1100 万年间产生了 20 次超新星爆发。这其中的一些超新星爆发可能距离地球只有 130 光年。研究人员发现，这些超新星爆发产生的 ^{60}Fe 原子在地球上的积累可以解释为什么在深海地壳样品中测量到这种同位素过量。研究人员认为，大约 200 万年前的一颗超新星在离地球足够近的区域爆发，严重破坏了臭氧层，进而引发了上新世 – 更新世灭绝事件。

---

[1] Narciso Benítez, et al. Evidence for Nearby Supernova Explosions. Phys. Rev. Lett. 88 (2002), 081101.

图 8-13　艺术家描绘的超新星爆发效果图（图片来源：NASA/CXC/M. Weiss）

　　对于伽马暴和超新星爆发，我们现在还无法预报，也无法采取相应的措施。在面临这样的困境时，地球生命有些像待宰的羔羊。不过，这两种极端天文现象造成致命伤害的概率极低，而且随着天文学研究和科学技术的进步，我们的应对能力也会得到相应的提高。因此，大可不必因为担心高能天体爆发而整日惴惴不安。

第 9 章

总　结

天体生物学要解决的是地球生命如何起源和有无地外生命等基本问题。这些问题是如此基本，以至于任何人可能在心中都曾不自觉地问过、想过这样的问题。这些问题一定具有长久的魅力，吸引后来人投入无限的热情与精力来思考它们、研究它们。

关于有无地外生命，我首先谈一下个人看法。很多人认为地球十分特殊，一定是天选之地，只有地球上才会有生命存在。这样的思想有一定的广泛性，但我认为格局还是太小了。我个人认为，坚信生命只存在于地球上的观点是新时期的地心说。地球和太阳系是如此普通，没有理由认为地球生命是独一无二的。

我认可的观点（当然很多人也持这样的观点）是，生命是宇宙演化到一定阶段的产物，它的出现有其必然性。有理由相信，地球生命在宇宙中并不孤单。

关于生命起源，我认为从无机到有机的过程一定与化学起源说描述的过程类似。但这一过程一定发生于早期地球吗？地球生命在很早以前就已出现，那时的地球可能才刚刚具备生命生存的条件。如果生命诞生得非常容易，所需时间并不长，那么这不会有太大的问题。然而，生命的结构和"设计"是如此精妙绝伦，以至于我很难相信它的起源可以在短时间内完成。

因此，我倾向于认为生命来自宇宙空间。不过，我认为普通的宇宙胚种论也可能会面临偶然性的一些问题，所以我提出了一种特殊的宇宙胚种论模型——星云中继假说。这一模型认为，生命起源于太阳系的前身恒星系统，并在前身恒星死亡的超新星爆发过程中存活下来。生命熬过了分子运动阶段，等到了太阳系的形成。也就是说，生命的种子天然存在于我们的太阳系中，这也解释了生命为什么会在地球早期迅速出现。这一模型有确定的理论预期，是一个可检验的模型。

我们确实没有接收到地外文明发出的信息，也没有证据表明地外文明曾经到访过地球。费米悖论揭示了生命的广泛性和其信息缺失的矛盾，这里面可能蕴含着一些关于生命非常本质的信息。尽管对于费米悖论，我们有多种猜测，但可惜现在还难以揭开它的面纱。

地球身处太阳系，是一颗普通的行星。地球与周边宇宙环境存在物质交换和相互作用，也会面临所有行星都要面临的一些潜在威胁。比较现实的威胁有小行星和彗星，偶然性更大也更难以预测的威胁有超新星爆发和伽马暴。太阳的演化也对地球生命有各种可预测和非常确定的影响与危害。天文学家正在做各种预案，并制定相应的应对策略。随着科技的进步，我们一定会找到更加合理、更加有效的办法。另外多说一句，战略重视非常有必要，但万万不可过分杞人忧天。

人类文明只用了几千年就离开了地球，把触角延伸到了地球的小伙伴月球上。相信在不久的将来，人类也一定会登陆火星。但是在很长一段时间里，或许我们就止步于此了。星际空间的浩瀚，是难以逾越的距离屏障。如果不彻底革新飞行器的动力系统，我们暂时只能在太阳系内"征伐"。也许可控核聚变和人造淀粉技术，已经开始了这种革新萌芽。

人类文明的归宿必然是星辰大海。